超好懂！

微積分
概念筆記

實務應用×具體解說×公式剖析
懂乘除法就能掌握微積分

蔵本貴文／著

林詠純／譯

前言

對許多人來說，高中所學的數學當中，最實用的就是微分與積分了（以下簡稱微積分）。

因為學了微積分之後，就能從數字當中獲得2倍以上的資訊。

現代人不管擅長還是不擅長，都離不開數字。金錢、收益率、顧客人數、客單價、持續率、平均時間、周轉率、產能利用率、不良率……等等，現代人的生活不就是圍繞著這些數字打轉嗎？

學習微積分之後，就能從這些數字當中抽取出更多的資訊。

優秀的人能夠聞一知十，學習微積分之後就能從原本的數字當中獲得加倍的資訊，因此在他人眼中看起來優秀是理所當然的。

話雖如此，就算看不懂日本高中的微積分也不需要感到沮喪。因為微積分的本質，並不像在學校所學的那樣錯綜複雜。

希望讀者能夠仔細閱讀本書的第1章。你至今用來分析數字的一般方法當中，就包含了許多微積分的概念。

沒錯，將變化與累積整理而成的數學體系就是微積分。

你周圍的數字也充滿了微積分，但最能夠發揮其力量的就是理工領域。無論是行駛的汽車、飛行的飛機、搭建的大樓、通話的手機，還是幫助我們

的機器人，都離不開微積分的力量。

而這些文明利器當中，對於現代社會而言最重要的就是電腦了，因為電腦是世界上唯一能夠「思考」的非生物，而且在社會上的各個角落大顯身手。個人電腦當然不在話下，無論是手機、汽車，還是冰箱、吸塵器、洗衣機等家電，電腦都在裡頭發揮著作用。

換句話說，電腦就像在我們身邊協助我們生活的夥伴。因此了解這位夥伴的思考邏輯就很重要對吧？就和理解公司的同事、上司以及下屬的想法同樣重要。

而電腦的思考邏輯就是數學。學習數學，以及其核心的微積分，能夠幫助我們理解電腦的「心情」。

不好意思，現在才自我介紹。我是半導體工程師藏本貴文。各位或許會覺得平常寫這種數學書的人，多半都是數學老師或是教育工作者。但我兩者都不是。

我的專業領域是「建模」，這項工作沒有數學就無法成立。我在工作中運用三角函數、指數、對數、矩陣、複數以及微積分，以數學公式展現半導體元件的特性。

所以我討論的不是作為學問的數學，而是「作為實務應用的數學」。世界上有許多由數學專家撰寫的數學書，但我想一般人需要的說不定是我所使用的數學。

我的女兒升高中了，而我教她數學與物理的機會也愈來愈多。在這樣的過程中，我發現數學難以理解的原因就在於太過抽象。

　　我發現到，當女兒說著「這個問題我不懂」的時候，最容易幫助她理解數學的方法，就是在文字裡加入數字、繪製圖形或圖表等，把抽象的敘述變得具體。

　　舉例來說，日本的高中生就算再怎麼害怕數學，應該也沒有人不會計算「$1+2$」。

　　但如果換成「$x+2x$」，或許就會有些學生看不懂了；要是再進一步換成「$f(x)+2f(x)$」，就算是原本數學還行的學生，都有可能會陷入苦思。儘管這些計算在本質上完全沒有不同。

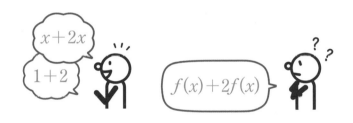

　　使用這些文字與符號的抽象表現，會嚴重妨礙理解。當然，數學就是因為抽象化才能擁有今天的發展。所以最後的結論還是必須理解抽象的表現會比較好。

　　然而對許多人，尤其是對初學者而言，這些抽象表現反而墊高了學習的門檻。

　　所以本書徹底堅持採用具體的描述。如果非得使用 x、$f(x)$、$\dfrac{dy}{dx}$、$\int$ 之類的抽象文字與符號，就會加上詳細並且具體的說明。

　　除此之外，數學公式因為太過抽象而容易遭人厭惡。所以本書直到第2章為止都不會使用任何數學公式。我有自信，即使是討厭公式的人，也很容

易理解我對微積分的說明。

　　那麼就歡迎大家來到微積分的世界。培養微積分的思維，必定能夠提高處理數字的能力、滿足好奇心，幫助大家在一定程度上理解電腦的心情。

　　接著就來看看微積分的本質吧！雖然我很想這麼說，但請再稍微看一小段導讀。我想就各位讀者的類型，給大家一些使用本書的建議。

本書的閱讀方式

本書的結構如下。

本書的內容基本上一開始最為容易，而愈往後將會愈來愈難。即使從某個部分開始就看不懂了，前面獲得的知識也足以帶來幫助。因此讀懂多少便能學到多少，請放心閱讀下去。

此外，重要的內容將會不厭其煩地一再重複強調，譬如「微分求的是斜率」。已經理解的人或許會覺得囉嗦，但我相信如此重複能夠有助於初學者的理解。

本書共分成7章，以下是每一章的主要目標。

第 1 章　微積分能提供如此的觀點
➡ 提供一些日常生活中使用微積分的實例，譬如財務管理和汽車等。
　（不使用數學公式）

第 2 章　微積分到底是什麼？
➡ 從國小學習範圍的速度、時間與距離之關係來說明微積分的意義。如果能夠讀懂這個部分，就能理解微積分是什麼。
　（不使用數學公式）

第 3 章　為什麼要使用數學公式？
➡ 透過到第2章為止的說明，理解微積分是什麼之後，接下來將說明以數學公式來表現微積分的理由。想必能讓各位充分理解到使用數學公式的優點。

第 4 章　微積分在數學世界的地位

　　➡本章將呈現日本高中微積分的全貌，但只會呈現全貌，不會去問「為什麼」。請先專心去觀察微積分這片「森林」。

第 5 章　借助無限的力量讓微積分更完美

　　➡本章將透過數學的背景，來解釋第4章說明的微積分全貌為什麼能夠成立。雖然我盡量寫得容易理解，但讀完到第4章的內容就足以學會微積分的計算，因此即使看不懂本章也不用擔心。

第 6 章　微分方程式能夠預測未來

　　➡針對「預測未來」的微分方程式進行深入的數學說明。這個部分在本書當中屬於相對較難的內容。

第 7 章　關於微積分的其他主題

　　➡本章整理了指數函數與三角函數的微積分、積分技巧等，雖然對於呈現微積分的整體樣貌並非必要，但這些都是學習微積分的重要主題。

　　本書主要針對以下3種類型的讀者撰寫。我想要先針對各個類型的讀者，提出閱讀本書的建議。

①完全不懂微積分的讀者、因為想要理解「微積分」到底是什麼而拿起本書的讀者

②希望能夠更加深入理解數學課所學的內容，因此找來本書當成預習、複習以及課本補充教材的學生

③原本就擅長數學，但希望能夠更深入理解的讀者；或是想要以更簡單易懂的方式傳授數學而拿起本書的數學老師

①完全不懂微積分的讀者、因為想要理解「微積分」到底是什麼而拿起本書的讀者

你可能不太擅長數學公式。但是請放心，本書的第1章和第2章都沒有使用數學公式。即使只閱讀這個部分，你應該也能理解微積分的概念，以及微積分如何帶給這個世界幫助。

如果還能進一步挑戰第3章的內容就太完美了。只要讀懂這些部分，就算不使用數學公式，也稱得上是理解微積分。

當然，如果還有興趣，也可以試著挑戰第4章之後，使用數學公式的微積分。你將會看見更深奧的數學世界。

請將閱讀本書的目標設定成如下：理解微積分的基本概念就是觀察「變化」與「累積」；「速度、時間與距離」的關係中存在著微積分的本質；以及數學公式雖然討厭但有用。

我想只要你意識到自己也正在使用微積分的概念，就會發現微積分其實離自己並不是那麼遙遠。不是只有充滿數字，彷彿密碼一般的複雜微積分才是微積分。

②希望能夠更加深入理解數學課所學的內容，因此找來本書當成預習、複習以及課本補充教材的學生

我猜想，如果給你一個函數要求你微分，你應該能夠做得到；如果遇到求面積的積分問題，你應該也會計算吧？但你或許不清楚這些計算有什麼意義，總覺得有顆大石頭壓在心裡。

我會建議你快速讀過第1章與第2章後，仔細閱讀第3章。因為本章說明了這些公式存在的意義。只要能夠理解這個部分，你就會知道函數是什麼，為什麼會存在著數學公式這種讓人覺得麻煩的東西。

接下來的第4章則是重點。只要你能夠理解4-5節「微積分的結構」，我保證那些原本看起來毫不相關的微分與積分，只要一下子就能整合進你的腦海裡。

第5章和第6章或許有些困難，但只要能夠理解，你就能觸碰到極限與微積分方程式等微積分的核心部分。至於第7章呈現的微積分結構，雖然偏離本書主軸，但如果想要朝著理工科的道路前進，就必須懂得這個部分。

微積分的結構 ※節錄自本書116頁

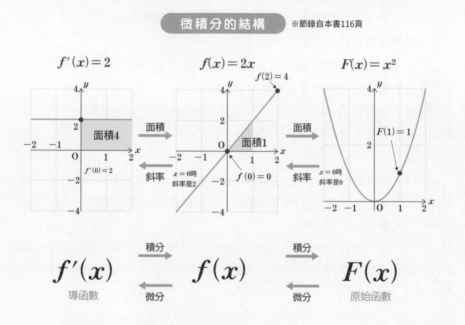

③原本就擅長數學，但希望能夠更深入理解的讀者；或是想要以更簡單易懂的方式傳授數學而拿起本書的數學老師

如同「前言」的說明，我是使用數學的工程師，不是數學專家。因此各位可能會注意到我在數學上有些地方不夠嚴謹，又或是太過粗暴。但希望各位能夠換個角度，把「原來也有這種看待數學的方式」當成樂趣。

我認為數學之所以困難是因為太過抽象。所以我在本書當中，堅持一定要用具體的方式來解釋。如果各位能夠想到其他能讓微積分更加具體的方法，請務必與我分享，我將不勝感激。

此外，我想告訴從事數學教育的人，微積分之所以會讓人感到困難，原因之一或許就在於學習順序。課本通常依照極限→微分→積分的順序教學。

然而這麼一來，不就會讓學生因為複雜的微分定義而感到精疲力盡，從而失去學習的動力嗎？

　　因此我在本書當中將順序反過來，首先介紹微積分的作用——積分求的是面積、微分求的是斜率。而後說明計算方式，最後才解釋定義。

　　我個人認為，這是對初學者而言最容易理解的順序，如果您有任何意見，也希望能夠和我聯絡。

目次

微積分能提供
如此的觀點

CALCULUS

我想各位在學習微分積分時，首先會想要知
道這到底是一門什麼樣的學問，又是如何發
揮作用的。所以本章介紹的例子幾乎不使用
數學公式就能理解微分與積分的思想。

微分與積分的概念是一種分析數字的手段，
廣泛地被使用於這個世界，你說不定也在不
知不覺中使用過。在你閱讀本章之後，就會
知道微分與積分的觀點能夠對分析數字帶來
幫助。

「咦，原來這就是微積分的概念啊！」如果
可以讓你有這種感覺，那麼本章的目的就算
達成了。

CALCULUS

1 – 1 利用微積分觀察病毒感染

下表依照時間順序,顯示某地區感染病毒的人數。

2月1日	2月2日	2月3日	2月4日	2月5日	2月6日	2月7日	2月8日	2月9日	2月10日	2月11日
120人	140人	160人	240人	200人	180人	240人	280人	330人	240人	150人

　　從這張表中,你可以看出什麼呢?你或許會隱約察覺到新增感染者數正在增加,以及人數反覆地增增減減。

　　然而實際上,絕大多數的人或許都覺得「其實不太清楚到底發生了什麼事……」。在這種時候,只要將這些數據轉換成圖形,多半就能更容易有具體的概念。

　　所以我們就將其畫成柱狀圖。

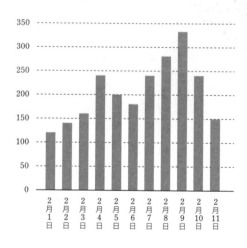

　　像這樣畫成圖形來看,就更容易理解原本只是數字列表的感染者數量。

人數的增減也更加清楚。

　　舉例來說，在這張圖當中，2月4日、7日和10日的新增感染者數都是240人，但數字上的意義看起來卻不相同。

新增感染者數

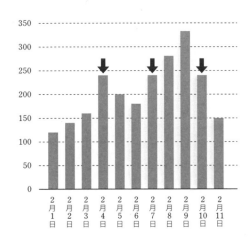

　　4日的240人看起來像是高峰值，7日是增加的過程，10日則似乎是減少的過程。由此可知，即使都是240人，其意義也會有所改變。

　　如果只單看「240人」這個數字，是看不出這種變化的，只有著眼於數字的趨勢變化才看得出來。而這其實就是微分的概念。

　　接下來會再更加詳細地說明微分的概念。請看次頁的下一張圖。

　　這次試著與前一天進行比較，將新增感染者數的增減繪製成圖。關於這張圖的繪製方式，舉例來說，比較2月3日與4日，新增感染者數增加了80人，所以 2月4日在圖中就是＋80人；比較2月4日與5日，新增感染者數減少了40人，所以2月5日就是－40人。

　　像上述這樣根據新增感染者數的圖，繪製人數增減的圖就是「微分」。或許我們也可以說，「微分」關注的是增減。

新增感染者數

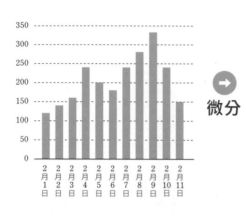

新增感染者數的增減

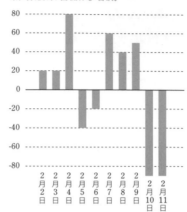

微分

就算是完全不懂微分的人，看到數字時也會自然而然地關注其前後的變化吧？

這就是不折不扣的微分概念。數學中的微分，只不過是將這個方法以數學的方式給予嚴謹的定義。

而且繪製圖形本身，也可被視為以微分觀點看待事物的一種輔助。

這裡的新增感染者數，原本只是在表格中呈現的數字。將這些數字繪製成柱狀圖，看起來就變得清楚多了。因為繪製成圖之後，就能夠以視覺方式與前後的數據比較大小。

所以圖形本身也稱得上是微分觀點的輔助工具。

各位是否掌握了微分的概念了呢？

接著來看看積分的概念。如果說微分關注的是變化，那麼積分關注的就是總和了。

以剛才的感染者數為例，如果將1日到11日的新增感染者全部加起來，就能知道這段期間的新增感染者數是2280人。

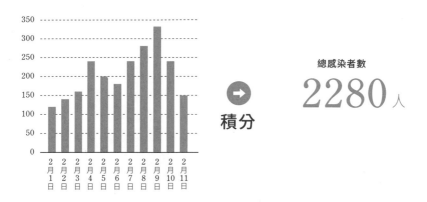

新增感染者數

總感染者數

2280人

積分

從新增感染者數計算出總感染者數「2280人」，這個數字就等於是意味著積分。

討論感染者數時，計算總感染者數（累積總數）的重要性到底有多麼關鍵，自然是不言而喻。因為累積總數會影響決策判斷，而計算出這個重要的數字就是積分。

接著再稍微說明累積總數的重要性。

舉個例子來說，請看接下來的2張圖。在次頁的第1張圖中每天維持相同的新增感染者數，但是在第2張圖的新增感染者數則呈現急遽地增加，並且也急遽減少。

A與B乍看之下截然不同，但是實際上總感染數都是2200人。

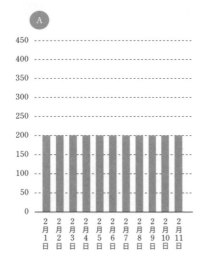

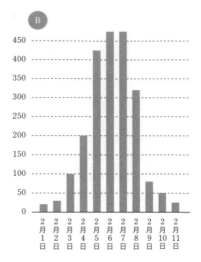

　換句話說，圖表看起來完全不一樣的A和B，可以用「總感染者數2200人」這個相同的指標來概括。

　如果你是政府或醫療的負責人，你就可以計算2200人占總人口數的比例，推估獲得群體免疫的狀況。

　觀察新增感染者數這樣的數字時，只看某一天新增感染者數的人，與理解微積分的概念、能夠分析包含變化及累積總數在內的人，即使看到的數字相同，但能夠獲得的資訊卻不相同。

　從同樣的數據（數字）中能夠得到1還是10，取決於掌握了多少數據分析的技巧。而微積分在這當中，就扮演著重要的角色。

1-2

汽車中所使用的微積分

　　我們平常無意識使用的工具與機械中，也運用了大量的微積分。而接下來將會介紹微積分在汽車領域的應用。

　　近年來，配備自動剎車系統的汽車愈來愈多。這個系統能夠在汽車快要撞到物體時自動剎車，因此如果配備了這樣的系統，就會讓人對行車安全感到相當安心。

　　毫米波雷達經常使用於自動剎車的偵測系統，能夠發射出稱為毫米波的脈衝型電波，並根據撞到物體後反彈的時間，測量與物體之間的距離。

　　電波的速度和光速一樣保持恆定，因此只要計算發射出去的電波碰撞到前車再反彈回來的時間，就能得知與前車的距離有多遠。

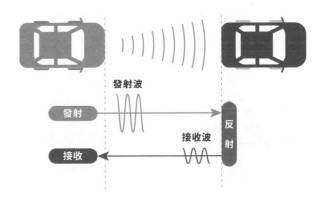

　　各位聽到電波或許會感到複雜，但簡單來說，可以想成是利用把球丟出去再反彈回來的時間測量距離。兩者的原理完全相同。

　　舉例來說，假設如次頁圖　般，丟出　顆秒速20m的球，而球撞到牆壁再反彈回來需要5秒（速度保持恆定），就可以計算出我們到牆壁的距離是50m。

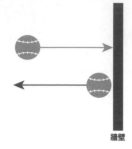

秒速20m的球,反彈回來
需要5秒(速度恆定)

$$20m/秒 \times 5秒 \div 2(來回) = 50m$$

牆壁

不過,這時你可能會感到疑惑。舉例來說,假設你使用這個偵測方法,得知前方100m的地方有另一輛車,而你的車正在高速公路上以80km的時速行駛。

如果前方那輛車也以相同的速度行駛,那麼只要雙方都保持100m的行車距離就不會有問題。不過,要是那輛車停下來就糟了,自動剎車系統必須立刻啟動。

但如果只依靠這個根據丟球反彈的時間來計算距離的方法,我們就只能知道與該物體之間的距離。這種時候應該要怎麼辦呢?

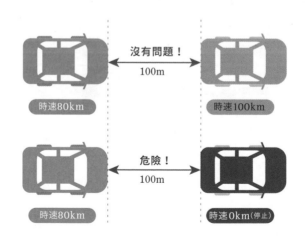

　　　　　　　　1-2　汽車中所使用的微積分

答案是以非常短的時間間隔、不斷測量距離，例如0.01秒。如此就能像下圖般，知道自己是否正在接近對方的車輛，甚至還可以知道接近的速度。

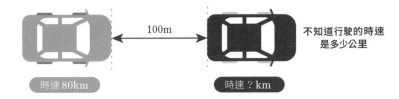

時速80km　　100m　　時速？km　　不知道行駛的時速是多少公里

行車距離在0.01秒間從100m變成99.8m

$$接近的速度為\frac{100-99.8}{0.01} = 秒速20m = 時速72km$$

　　在上述例子中，如果行車距離在0.01秒內縮短了0.2m，那麼就相當於以時速72km的速度縮短。這意味前車以塞車般的時速8km行駛，如此一來我們就會知道此時追撞的風險很高。

　　上述所說的是根據距離求出速度的計算，也就是在極短的時間間隔內，根據變化的距離求出速度的計算，就相當於「微分」。

　　再提供一個汽車的例子。
　　許多駕駛人會在車上安裝導航系統（即衛星導航）。雖然可以用智慧型手機的APP替代，但事實上汽車經銷商安裝的導航精確度都會比較高。而其高度的精確性，都要歸功於積分。

　　無論是汽車還是智慧型手機，都會使用GPS系統來確定自己當前所在的位置。其原理是接收來自多顆衛星的電波，根據電波資訊將自己的位置計算出來。

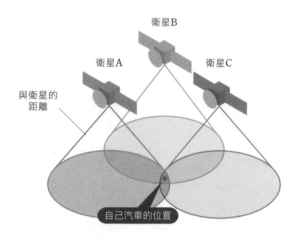

衛星B

衛星A　　　　　　　衛星C

與衛星的
距離

自己汽車的位置

　　當我們接收到1顆衛星的電波時，就能知道該衛星到自己汽車的距離。但光靠1顆衛星的距離不足以鎖定具體定位，因此需要接收3顆衛星的電波，才能求出自己汽車的正確所在。

　　但如果我們的所在位置無法順利接收電波，系統就難以正確運作。舉例來說，隧道內接收不到衛星電波，因此就無法得知自己汽車的正確位置。

　　不過，如果是高精密度的汽車導航，就算是這種時候也能在一定程度上正確判斷出自己的汽車在哪裡。這是為什麼呢？

　　其實這種導航會透過控制汽車的電腦，來取得車速資訊以補足GPS的資

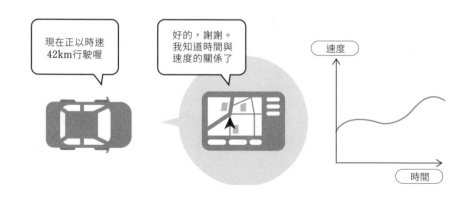

現在正以時速
42km行駛喔

好的，謝謝。
我知道時間與
速度的關係了

速度

時間

訊。舉例來說，根據導航的監測，汽車在某個時間點的時速是50km，下一瞬間的時速則是60km。而系統就能應用這樣的資訊，計算出汽車的確切位置。

　　各位看到這裡可能會覺得「原來是這樣啊」，就安心地接受了。但如果仔細思考，就會發現其中有些疑點。

　　因為導航能夠取得的資訊只有速度，但只知道速度還是不足以計算出前進了多少距離。當然，如果是「以時速50km行駛1個小時」，就能得知行駛的距離是50km。但實際上，即使是在隧道中行駛，速度也會不斷地改變；而就算知道速度的變化，也無法得知前進的距離吧？

　　積分就在這時大顯身手。導航會以非常短的間隔，例如0.01秒，監測汽車的速度。雖然車速瞬息萬變，但在0.01秒的短時間內，除非遇到緊急剎車之類的特殊狀況，否則速度應該可視為不變。

　　一旦將速度視為不變，就能計算出0.01秒內行駛的距離。而將這些距離相加起來，就能知道汽車在1分鐘、5分鐘或更長的時間內前進多少距離。

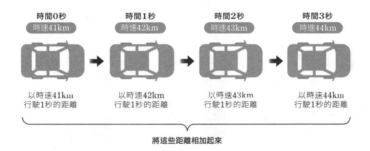

　　以上圖為例，導航將極短的時間間隔設定為1秒，而車速則隨著時間變化。但每1秒的短間隔內，則視為汽車以固定速度行駛。接著求出每秒的行駛距離，將這些行駛距離相加起來，就能求出移動距離。

　　各位可能已經意識到了。像這樣將時間分割成短間隔，並透過速度求出距離的方法就是積分。

　　除此之外，車內還有其他部分使用了微積分，譬如引擎以及冷卻水的溫度控制等。沒有微積分汽車就不能運作，因此微積分的重要性可見一斑。

1-3 利用微積分來分析金流

接下來也將微積分的力量應用在金錢計算上吧！

　　假設某個人經營的拉麵店在某個月的收益為50萬元，這個數字是多還是少呢？光靠這樣的資訊應該不足以判斷吧！

　　但如果這家拉麵店上個月的收益是40萬元，也就是這個月的收益比上個月增加了25%，那麼50萬元的收入就很多了；反之，如果上個月的收益是60萬元，那麼這個月的50萬元就等於是減少了近20%，這樣的話這個數字就算少了。

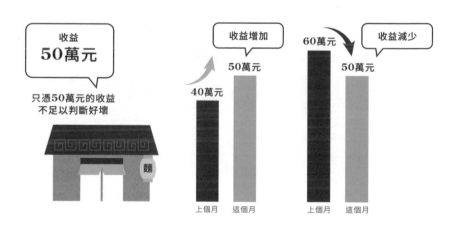

　　由此可知，當我們分析每個月的收益或其他金錢數值時，不只要看絕對金額，管理金額的增減也很重要。即使收益相同，如果金額有增加的傾向，就代表目前的經營策略可以延續；反之，如果金額呈現減少的傾向，就表示必須採取對策，否則收益將可能變得愈來愈少。

管理金流時，只看某一瞬間的數字無法做出適當的判斷。還必須與過去的數據做比較，確認其增減再進行判斷。

像這樣從收入圖表中了解金額的增減，就是微分的概念。

接著是積分。積分也是分析數字時不可或缺的觀點。

假設我們有1月到12月的收益數據，就如下圖一般。將這些數據微分可以知道各月的增減，而積分也能提供重要的數字給我們。

我們試著將收益從1月到12月加以積分，其得到的數字就是整年的收益。每月的增減固然重要，但一整年累積起來的收益是多少，也是重要的檢視角度。而積分就提供了累積的觀點。

此外，我們也可以改變積分的期間。以下圖為例，將1月到6月的積分（合計），與7月到12月的積分（合計）加以比較，就會發現1～6月的收益略多於下半年。

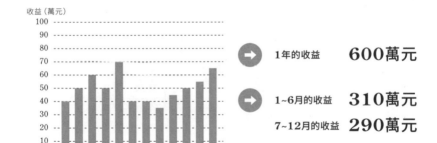

營收的變化

如果只單純看收益的數字，我們只能夠獲得「某個月有多少元的收益」這樣的單一資訊；但透過微分檢視就能夠得知「變化」、透過積分則能夠得知「累積」。

只看單一數字的人，與同時看3種數字的人，分析的層次當然也有所不同。各位透過這樣的例子想必已經了解到，如果懂得使用微積分，就能提高數字分析的層次。而這正是聞1知1與聞1知10的差別。

但我想很多人即使不懂微積分，也依然會在日常生活中使用「變化」與「累積」的概念。

沒錯，「微分」與「積分」這樣的數學術語聽起來似乎很複雜，但是當我們分析數字時，其實就是在使用這2種概念。

而透過這個收益的話題，也能進一步了解微積分的重要性質。

下面的圖是另外一家店的收益變化圖。0以下的數字代表損失，也就是赤字。

店家的收益變化

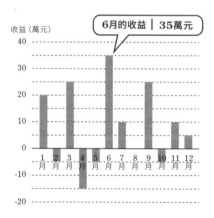

至於該店的銀行存款則如接下來的次頁圖表所示。店家將所有的收益都存放在此帳戶，遇到虧損的月份就從帳戶中領錢出來。假設帳戶在最一開始有100萬元。

　　　　　　1-3　利用微積分來分析金流

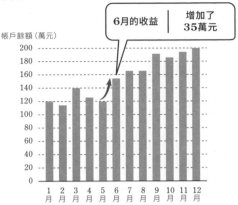

這時只要觀察帳戶的餘額變化，也就是藉由微分餘額，即可以計算出該月的收益。換句話說，6月的帳戶餘額相較於5月增加了35萬元。這相當於6月的收益為35萬元。

因此我們可以透過微分帳戶的餘額，獲得每月的收益圖表。

接著我們將目光焦點轉移到收益變化的圖表，將這份圖表從1月到12月加總起來。由於想求出的是累積，換句話說就是以積分計算。而加總的是1月到12月的收益，因此能夠求出整年的收益為100萬元。

店家的收益變化

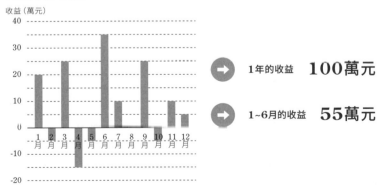

這100萬元加上最初帳戶內的100萬元，合計為200萬元。而這就是12月的帳戶餘額。

接著，我們再試著加總1月到6月的收益。換句話說就是將1月到6月加以積分。

這時累計的收益為55萬元，再加上最初存在帳戶內的100萬元，可以得知6月時的帳戶餘額是155萬元。

店家的銀行帳戶餘額變化

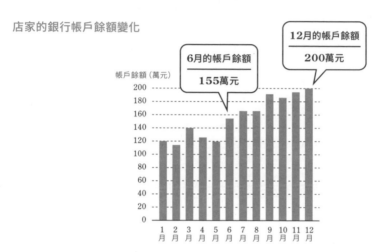

由此可知，將各個月的收益積分起來，就會變成帳戶餘額；反之，將銀行的帳戶餘額微分，就能得到各個月的收益。

換句話說，微分與積分和乘法與除法，互為逆運算。這個簡單的例子也清楚地呈現出這項數學上的重要性質。

1－4

智慧型手機中的微積分

　　微積分被應用於許多地方，尤其在電腦中的運用更是大放異彩。

　　因為電腦置身於數位世界，也就是0與1的世界。電腦透過數字理解世界的一切，為了分析這些數字，會將數值微分或是積分。

　　目前，我們日常生活中最常見的電腦應該就是智慧型手機。智慧型手機的體積雖小，但將它視為強大的超級電腦也不為過。

　　想像一下我們用手機拍照。人類看到的照片確實是照片，但在手機的世界裡，照片只不過是一串數字。

　　舉例來說，一張照片可分割成縱500×橫500個小點（稱為像素），而照片就是這些點的集合。如果讀者手邊有電腦，可以將照片不斷地放大，最後就會看到照片變成像素。

數位照片

　　至於色彩方面，為了方便理解，以黑白照片進行說明。舉例來說，黑白照片從純黑到純白分成256個色階（2×2×2×2×2×2×2×2），並以數字的集合表現。數字愈大，顏色愈亮。

　　人類眼中的照片，在電腦中只是一串數字。事實上，無論是聲音還是影片，所有的一切在電腦中都以數字的形式展現。

230	229	229	184	236
190	189	54	98	183
189	187	186	94	90
236	236	185	186	230
235	236	186	182	231

照片皆為
數值資料

　　而最近的電腦非常優秀，能夠像人類一樣分析圖片或影片。而這個分析的過程中就使用了微積分。

　　舉例來說，有個技術可以從照片當中辨識出人臉。那麼電腦該如何從下方這樣的照片中，將人臉辨識出來呢？

作者近照

　　微積分的概念竟然也被應用在辨識過程中。譬如從照片中辨識出臉部輪廓與風景輪廓的方法。

我擷取出照片中A和B直線部分的亮度數字，並且加以整理，製作成下方的圖表。

　　A線從背景相對較暗的部分，擷取至皮膚明亮的部分，因此亮度變化較大；至於B線則是從暗的背景部分，擷取至更暗的頭髮部分，因此亮度變化較小。

　　如果是人的肉眼立刻就能看出哪裡是臉部的輪廓，但是要讓電腦識別卻不是那麼容易的事。

　　舉例來說，無論是人臉還是風景，都有亮的部分和暗的部分，因此不能簡單地區分兩者，譬如120以上是臉，以下是風景之類的。

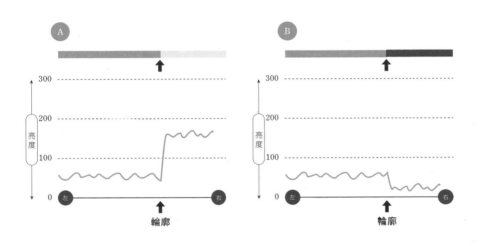

　　但如果以微分值來看，在某些情況下就能清楚區別。

　　我將前述的亮度數字加以微分。這裡所謂的微分，指的是取相鄰像素之間的差。這麼一來，臉部與風景的亮度差異在輪廓部分就會變大，並且出現峰值，電腦就能藉此辨識物體的輪廓。

　　如果只關注亮度的大小，將會難以辨識輪廓。

　　但如果對亮度的數字進行微分，再去觀察亮度的「差」，電腦就能將輪廓識別出來。

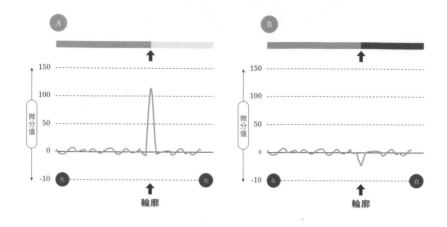

電腦就是將獲得的數據微分以增加資訊量。這麼做能提高分析數據的精確度。對身處的世界只有數字的電腦來說，微積分更是不可或缺的利器。

接著再介紹一個手機中使用微積分的例子。

這個例子就是電池的容量。在手機上能夠精確地顯示出電池容量，譬如「62%」，以便確實掌握還有多少電量可以使用。而這個數字也是使用積分計算出來的。

不過，在介紹如何計算之前，我簡單說明一下電和電池的原理。

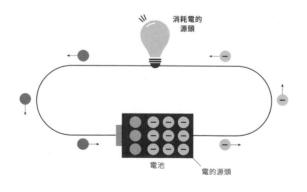

電其實是稱為「電子」的粒子，這些粒子從電池的負極流向正極，也就是一般所說的電流。

我們可以將電池想成是透過化學反應儲存電子的「池子」，而電子就是電流的源頭。電子會從池子裡面流出來，所以當儲存的電子全部流光時，池子就會變空，這時也可以從外部補充電子，也就是「充電」。

所以只要計算流出的電子數量，就能知道「池子」之中到底還剩下多少電子。

但我們無法直接去數電子的數量，只能知道「電流量」。電流量所顯示的數字代表每秒有多少電子流過。

當然，如果電流恆定且持續，就能計算出流過的電子數有多少。舉例來說，每秒流過1000個電子的狀態持續1分鐘，那麼流過的電子數就是1000個×60秒，即60000個電子。

但電流並非恆定不變的。像是待機模式時的電流量很少，而觀看影片等手機全速運轉時，電流量就很大。

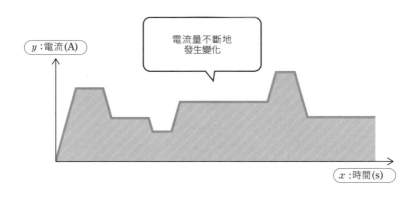

那麼我們該怎麼做呢？方法就和計算車速的例子相同。每隔一段很短的

時間就計算流過的電子數量，再全部相加起來。雖然電流不斷地改變，但在0.01秒之類的極短時間內應該可視為恆定不變吧？這正是積分的概念。

　　就像照片與電池的例子一樣，手機裡也充分運用了微積分。或許也有很多人會覺得微積分只是數學課堂上學到的無用知識，但實際上它卻是重要的技術，我們幾乎可以說「少了微積分世界就無法運作」。

微積分到底是什麼？

CALCULUS

Chapter

2

如同我們在第1章所看到的，學習微積分時最容易理解的題材就是「速度、時間與距離的關係」。雖然還有其他許多與微積分相關的量，但這個是最貼近日常生活並且容易感受的。

尤其微分量「速度」最為具體且最容易理解。當你聽到「速度」一詞，是否能憑直覺理解呢？答案必然是肯定的。既然如此，你應該也能夠具體感受微積分的概念。
本章還不會正式使用數學公式，即使是不擅長公式的人也能放心閱讀。

2-1

「VTS」的關係與微積分

前面提過，速度、時間與距離的關係，是最容易幫助理解微積分的例子。反過來說，如果不確實理解這3方的關係，也無法理解微積分。因此首先就從複習這3方的關係開始。

各位記得在國小的時候，曾經學過速度、時間與距離的概念嗎？也就是所謂的「v＝s/t」法則。這其中這裡的「v」代表拉丁文的速度「*velocitas*」、「t」代表拉丁文的時間「*tempus*」，而「s」則代表拉丁文的距離「*spatium*」。

有些人學的公式可能不同，譬如「s＝vt」，或是以d代表距離，變成「v＝d/t」等，但這些都表示相同的意義。

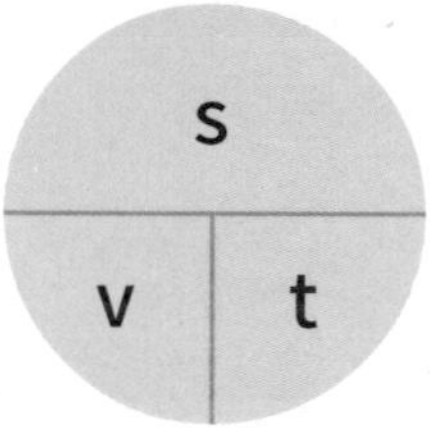

S（距離，km）　＝ V（速度，km/h）✕ t（時間，h）

V（速度，km/h）＝ S（距離，km）÷ t（時間，h）

t（時間，h）　＝ S（距離，km）÷ V（速度，km/h）

舉例來說，假設一輛車在3小時內跑了120km，我們來試著計算這輛車的速度看看。

從「v＝s/t」中移除「v（速度）」後，我們會如同次頁圖中的數學式般剩下「$\frac{s}{t}$」。所以，距離÷時間就是速度。將120km÷3小時，算出來的答案是時速40km。

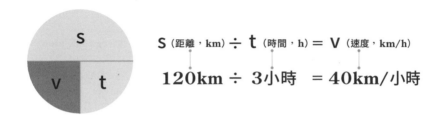

$$s \text{ (距離，km)} \div t \text{ (時間，h)} = v \text{ (速度，km/h)}$$

$$120km \div 3小時 = 40km/小時$$

接著再假設在這個汽車行駛的例子當中，不清楚花費的時間。也就是換個問法，汽車以40km/小時的速度行駛了120km的距離，請問這輛車花了多少時間？

這時從「v＝s/t」的關係中移除時間「t」後，我們會如同下面的圖一般剩下「$\frac{s}{v}$」。也就是距離÷速度。因此，120km÷40km/小時的答案就是3小時。

$$s \text{ (距離，km)} \div v \text{ (速度，km/h)} = t \text{ (時間，h)}$$

$$120km \div 40km/小時 = 3小時$$

最後，假設在這個汽車行駛的例子當中，我們不清楚行駛的距離是多少。也就是說，汽車如果以40km/小時的速度行駛了3小時，請問汽車開了多遠呢？

這時從「v＝s/t」的關係中移除距離，也就是「s」後，我們會如次頁圖般剩下「vt」。也就是速度×時間。因此，40km/小時×3小時所計算出來的答案就是120km。

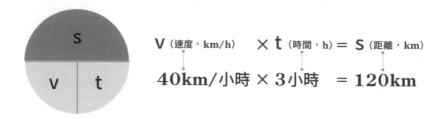

v（速度，km/h）$\times$ t（時間，h）$=$ s（距離，km）

$$40\text{km/小時} \times 3\text{小時} = 120\text{km}$$

　　各位是否理解到此為止的計算方法了呢？接下來為了幫助各位理解為什麼「$v=s/t$」的計算能夠成立，我將會為此稍作補充。

　　我想先從很多人都覺得有點困難的概念「速度」開始。距離是長度，而時間就是時間，這2個概念想必都沒有問題。但「速度」則比較難有具體的感受。

　　舉例來說，請回想一下學生時代的50m短跑。假設A同學花了8秒，B同學則花了10秒，跑得較快的顯然是A同學。

　　而速度指的是在某段時間內可以跑的距離。A同學在8秒內跑了50m，所以他每秒跑$50\div8$m，即6.25m；至於B同學的話每秒只能跑$50\div10$m，即5m。

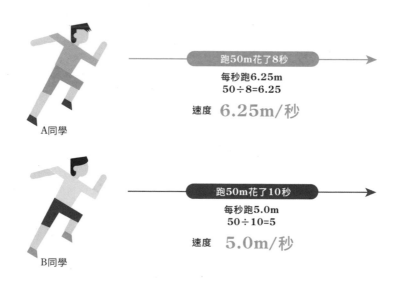

跑50m花了8秒

每秒跑6.25m
$50\div8=6.25$

速度 6.25m/秒

A同學

跑50m花了10秒

每秒跑5.0m
$50\div10=5$

速度 5.0m/秒

B同學

　　　　　　2-1　「VTS」的關係與微積分

我想各位能夠憑感覺理解速度的快跟慢。但使用數字來比較快和慢時，會使用單位時間，也就是每秒能夠跑的距離作為指標。

因為如果不算出單位時間的距離，當距離不同的時候就會無法比較。舉例來說，花40秒跑200m的C同學，與花25秒跑100m的D同學，誰跑得更快呢？在先前50m短跑的例子中，因為兩人跑的距離是一樣的，所以可以利用花費時間的長短來比較速度的快慢，但在這個例子中因為距離不同，所以不能單純靠時間來做比較。

因此，我們使用距離÷時間（$\frac{s}{t}$）算出每秒所跑的距離後再進行比較。在這個例子當中，C同學200m跑了40秒，速度是5m/秒；至於D同學則是100m跑了25秒，速度是4m/秒。由此可知，是200m跑40秒的C同學跑步速度比較快。

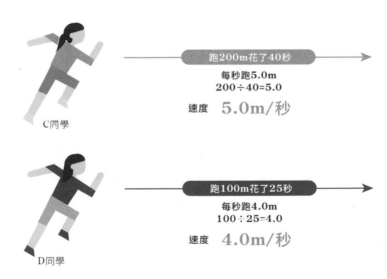

經過複習之後，各位是否理解速度、時間與距離的關係了呢？接下來讓我們再度回到微積分的話題吧。

結論很簡單。用距離÷時間求出速度的計算就是「微分」；而用速度×時間求出的距離的計算就是「積分」。

　　換句話說，除以時間的計算是「微分」，乘以時間的計算是「積分」。簡而言之，微分是除法，積分是乘法。

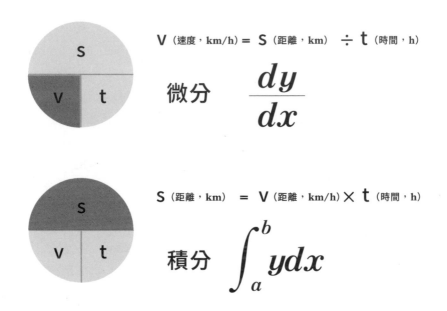

V （速度，km/h）＝ S （距離，km） ÷ t （時間，h）

微分 $\dfrac{dy}{dx}$

S （距離，km） ＝ V （距離，km/h）× t （時間，h）

積分 $\displaystyle\int_a^b ydx$

　　各位的腦中或許會冒出問號。但只要繼續閱讀本書，這些疑惑將會得到解答。這點非常重要，因此再讓我重複一次：除以時間的計算是「微分」，乘以時間的計算是「積分」。請牢記這一點，並繼續往下閱讀。

2 – 2　積分是求出面積的「超級乘法」

　　剛剛前面才提到關於速度與時間相乘求出距離的計算，即「40km/小時×3小時＝120km」的計算就是積分。

　　而本節的標題則是「積分是求出面積的超級乘法」。接下來，我們就將這2個看似無關的話題結合在一起吧！首先各位必須先學會看圖表才行。

　　下方的圖表顯示了某輛車的時間與速度之關係。

　　接著來說明這張圖。圖中的橫軸代表時間，縱軸代表速度。在這例子當中，我們可以知道這輛車在出發時（0秒）是靜止的，速度為時速0km；10秒後速度為時速40km；40秒後速度為時速20km。

汽車與速度的關係

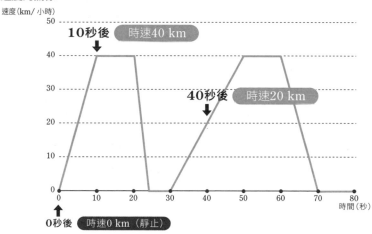

　　接著請看下一張圖中的區間A與區間B。區間A顯示汽車在10秒內從時速0km加速至時速40km；而區間B則顯示汽車在20秒內從時速0km加速至時速40km。

請想像一下此時的加速狀況。由於區間A的加速時間較短，因此屬於急加速；區間B則是緩緩加速。從這張圖表中，也能得到這樣的資訊。

汽車與速度的關係

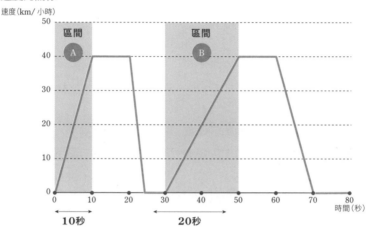

至於下圖中的區間C與區間D呢？區間C在4秒內從時速40km減速至完全停止，因此可以知道這段是相當緊急的剎車，或許有什麼東西突然從路邊

汽車與速度的關係

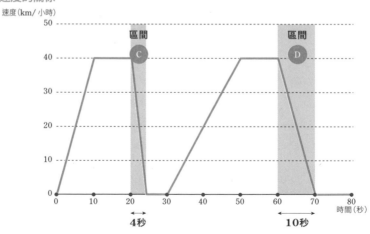

　　　2-2　積分是求出面積的「超級乘法」

衝出來吧？至於區間D則花了10秒才停止，或許是停下來在等紅綠燈。

透過這張圖表就能獲得這麼多的資訊。因此請學會藉由觀察圖表，想像汽車的行駛狀況吧！

我們再把話題拉回到積分。

如果使用圖表呈現「以時速40km行駛3小時的汽車」，看起來會像下圖這樣。

在前面的例子當中，速度是有快有慢的；但在這個情境之下，速度則維持恆定，都是時速40km。此外也必須注意到橫軸的時間單位是1小時。

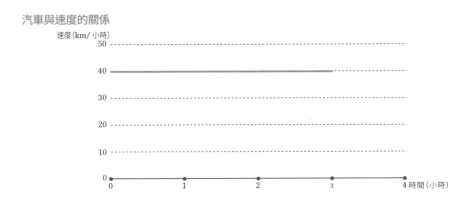

汽車與速度的關係

這時的行駛距離為「時速40km×3小時＝120km」。各位有發現到了嗎？這個計算求的就是圖表中長方形部分的面積。

換句話說，時間與速度圖的面積，所代表的意義就是距離。

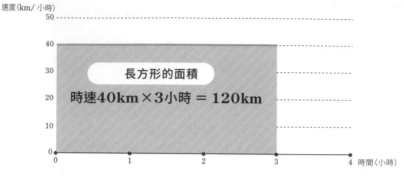

這也適用於速度隨時間變化的情況。

舉例來說，雖然可能會有點難以想像，但請考慮如下圖一般的情況：汽車花3個小時慢慢地從靜止加速到時速40km。

這時的圖表會呈現三角形。所以這裡的面積是「（底）×（高）÷2」，即3小時×時速40km÷2＝60km。而這60km確實代表汽車在此情況下所移動的距離。

汽車與速度的關係

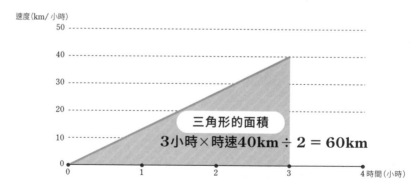

說到求出面積，各位或許只會想到計算出長方形、三角形、圓形等圖形的面積。但也可以藉由求出圖表的面積，以這種方式來計算出距離之類的物理量。

因此，求出面積具有重要的意義。而求出面積的技巧就是積分。

在前面介紹的例子當中，圖表的面積都是長方形或三角形等容易計算面積的圖形。但實際上，汽車不可能像圖表那樣移動。

一輛車不可能持續3小時都以時速40km的速度行駛、也不可能花個3小時從時速0km平穩地加速到時速40km。汽車的移動應該如接下來的圖表一般更加複雜。

這種時候，求出圖表的面積同樣會得到距離。但是，這種圖形的面積應該要如何計算呢？這可不是輕鬆就能算得出來的面積。

想要求出這種複雜圖形的面積是有方法的，而這個方法就是積分。只要運用積分，即使是這樣複雜的曲線，也能夠求出面積。

汽車與速度的關係

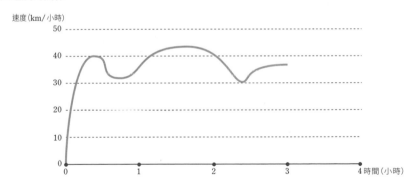

如果想求出長方形的面積，只需簡單計算長×寬即可；但若要求出複雜圖形的面積，就需要積分的技巧。所以才會將積分稱為「超級乘法」。

那麼這種複雜圖形的面積，到底應該怎麼做才能計算出來呢？

各位聽到超級乘法，腦中或許會將其想像成某種魔法般的技巧，但實際上並沒有那麼困難。各位聽了之後，或許會失望地心想「什麼嘛，這種方法國小學生也想得到」。

接著我將說明這個方法。

曲線圍起來的部分，無法輕鬆計算出面積，因此我們就想到將其像接下來的圖表一樣，分割成許多長方形，並將這些長方形的面積相加。

但各位想必一看就知道這樣的計算並不精確。因為箭頭所指之處的面積並沒有被算進去，於是這裡就會成為誤差。

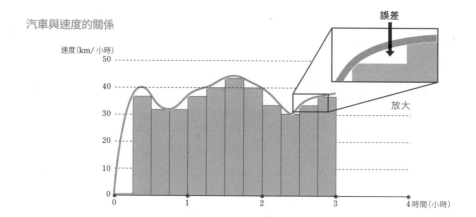

汽車與速度的關係

該怎麼做才能減少誤差呢？除了像次頁圖一樣分割成更多的長方形之外別無他法。雖然分割成這麼多的長方形還是會有誤差，但已經能夠得到在某種程度上還算正確的數字了。

計算曲線部分的面積時，就像這樣將圖形分割成減少一定程度上誤差的細長方形，再將這些長方形的面積加總起來即可。

汽車與速度的關係

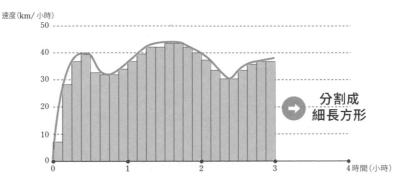

　　這就是積分的廬山真面目。

　　請記住，積分是「求出面積的技巧」，其方法為：將想要求面積的區域分割成許多可以輕鬆求出面積的長方形，然後再將面積相加起來。

　　大家在高中所學到、充滿公式的積分看起來很困難，但如果像這樣看見積分的本質，就會發現積分其實沒有那麼難了吧？

2-3 微分是求出斜率的 「超級除法」

既然我們已經知道積分是什麼了，接下來我想要討論微分。

我在本章的開頭已經說明「用距離÷時間來求出速度的計算就是『微分』」。而接下來，我想要再更進一步解釋這句話。

這種除法就是微分，而就如同本節的標題所示，微分是「超級除法」。為了說明這點，還是得請各位再利用圖表熟悉一下。

舉例來說，假設有一輛車如下圖般移動。這時的橫軸和前面介紹積分時一樣，都是時間，而縱軸則是從起點0移動的距離。

這時學會透過圖表想像汽車的移動也很重要。

汽車與距離的關係

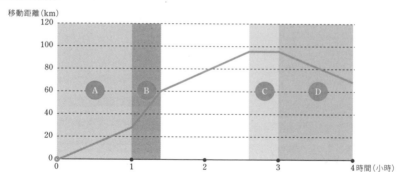

區間A的距離隨著時間增加，代表汽車正在前進。區間B也是如此，但斜率比區間A大，由此可知汽車在相同時間內走了更長的距離。這表示汽車在區間B的前進速度比在區間A更快。

接著在區間C，即使時間變化了但距離仍維持固定，這就代表著汽車停了下來。

最後是區間D，從圖中可以知道，在這個區間中，距離隨著時間經過而逐漸減少，代表汽車正在往反方向移動。因為這是從出發點計算的距離，所以汽車正朝著出發點接近。

請各位務必熟悉這張距離與時間的圖表。
接下來就讓我們進入微分的話題。

我們先回過頭來思考以恆定速度行駛的汽車。
最初設定的問題是，3小時行駛120km的汽車，速度是多少？我們進行了120km÷3小時的計算，得到的答案是時速40km。

下面這張圖是類似的例子。這次是汽車以恆定的速度，在4小時內行駛120km。
這裡必須注意斜率。這個例子中的圖表是直線，斜率在任何部分都是固定的，代表汽車的速度恆定。所以，只要將行駛距離120km，除以所需時間4小時，就能輕易地求出速度是時速30km。

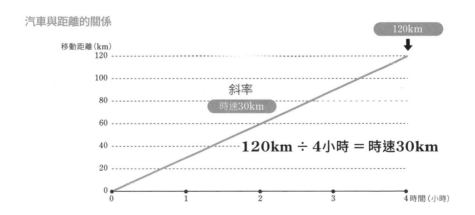

汽車與距離的關係

至於速度並未維持恆定的情況，時間與距離的關係則如接下來的圖表所示般。

汽車與距離的關係

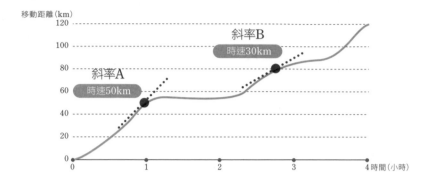

雖然汽車和剛才一樣，在4小時內行駛120km，但中途的速度卻不斷地改變。舉例來說，在A點是時速50km，到了B點卻變成時速30km。從圖表中可以看出，A點的斜率明顯比B點大。

如果這樣的關係是直線，我們就可以像之前那樣用「120km÷4小時」這種簡單的除法計算出斜率，也就是速度。但A點與B點的斜率卻似乎很難輕鬆算出。

這種情況也能輕鬆算出斜率的除法，就是「超級除法」微分。接著就來拆解微分的把戲。微分也和前面介紹的積分一樣，概念相當單純，沒有什麼特別困難之處。

舉例來說，就算以30分鐘的行駛距離來計算斜率，似乎也無法求出如以下般的正確速度。

出發2小時候抵達A點時，實際速度大約是時速10km；但如果以2小時後再經過30分鐘的移動距離15km來計算速度，速度會是時速30km。兩者皆與實際速度相差甚遠。

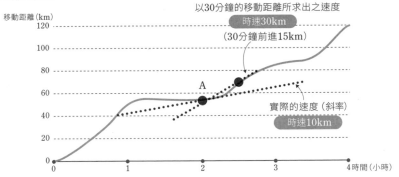

汽車與距離的關係

移動距離(km)

以30分鐘的移動距離所求出之速度
時速30km

(30分鐘前進15km)

A

實際的速度（斜率）
時速10km

那應該要怎麼辦？答案是不斷縮短時間間隔。當時間間隔不斷地縮短，譬如縮短到0.0001小時（約0.36秒），那麼在此期間內的速度變化就會微乎其微，幾乎可視為恆定。雖然誤差不會是零，但除非突然加速或減速，否則在0.0001小時（0.36秒）內的速度變化即使忽略，也應該不太會有影響。

從圖表來看這項作業就意味著「放大」。而也因為時間間隔變小了，所以曲線也幾乎可被視為直線。

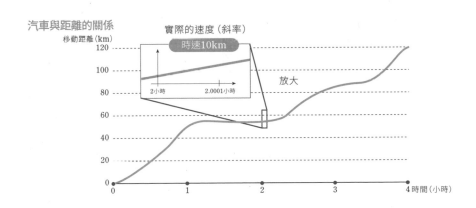

汽車與距離的關係

移動距離(km)

實際的速度（斜率）
時速10km

2小時　　　　2.0001小時

放大

便可知「微分」的本質，是從極短的時間間隔內的行駛距離求出斜率。

2-4

利用微分預測彗星的軌道

英國有一位名為艾德蒙·哈雷（1656-1743）的天文學家，他以發現每76年接近地球一次的「哈雷彗星」而聞名。

其實哈雷與牛頓是同個時期的研究者。牛頓對微積分的進展帶來巨大的貢獻，而據說建議牛頓寫下《自然哲學的數學原理》一書的就是哈雷。

而哈雷使用牛頓以微積分建構起來的運動方程式之理論，預測出哈雷彗星的運動，而哈雷彗星真的每隔76年就會出現在地球上，使得這項理論的正確性得到驗證。由此來看，牛頓的微積分理論簡直就像是「預測未來」的工具。

哈雷彗星的軌道

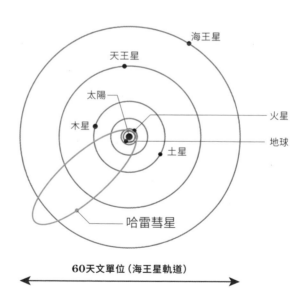

60天文單位（海王星軌道）

牛頓的運動方程式將「加速度」的概念，引進剛才說明的，時間、距離

與速度的關係當中，這是一重大突破。

　　加速度指的是每單位時間的速度「增加量」。雖然是個不太實際的設定，但假設有輛依時速40km前進的汽車以相同的比例加速，在0.5小時（30分鐘）後的行駛速度變成時速60km。這代表汽車在0.5小時內，只加速了時速20km，所以其加速度是1小時只有時速40km，因此以 40km/小時^{2}表示加速度。

加速度是什麼？

時速40km的汽車經過0.5小時後變成時速60km

$$加速度為 \quad \frac{時速60km-時速40km}{0.5} = 40km/小時^2$$

　　加速度的時間平方可能會讓人一頭霧水，與其理解成除以時間的平方，不如想成是以km/小時除以時間，也就是速度除以時間，我想這樣會更容易理解。

　　附帶一提，我在這裡使用了大家較熟悉的車速單位km/小時，但接下來將會改以m/秒為單位，也就是每秒鐘可以前進多少公尺。因為在物理的世界中，普遍會使用這個單位。

　　那麼著眼於加速度為何有如此劃時代的重要性呢？因為運動的物體所受的力與加速度成正比。

　　這或許有點難，我將依序解釋。

舉例來說，某個原本靜止的物體，如下圖一般持續受到同樣的力量推動。假設100秒後，其速度達到秒速2m。這時的加速度就是0.02m/秒²。換句話說0.02m/秒²×100秒＝2m/秒。

　　如果這時施加的力變成2倍會發生什麼事呢？結果是加速度也會變成2倍，從0.02m/秒²變成0.04m/秒²。這麼一來，100秒後的速度就會變成秒速4m，同樣是剛才的2倍。

　　施加的力量加倍，加速度也會加倍，這樣的關係性非常重要。

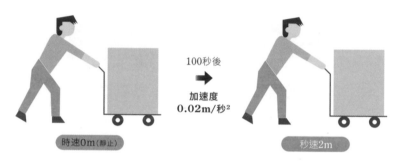

100秒後
➡
加速度
0.02m/秒²

時速0m(靜止)

秒速2m

施加的力量加倍，加速度也會加倍，變成0.04m/秒²

加速度與施加的力成正比（運動方程式）

　　而且加速度的量，就和距離與速度的關係一樣，也是速度與微分、積分的關係。也就是對速度進行微分會得到加速度；而對加速度進行積分則會得到速度。

　　換句話說，距離、速度與加速度之間，透過微分及積分，形成如同下圖的關係。

距離	微分 → ← 積分	速度	微分 → ← 積分	加速度
單位 m，km		單位 m/秒，km/小時		單位 m/秒²，km/小時²

在這樣的關係中，由於加速度與所受的力成正比，因此只要我們知道物體所受的力，就能得知其加速度。而且一旦知道加速度的值，就能將其加以積分得到速度；而得到速度的值之後，再將其加以積分就能得到距離。

哈雷彗星的運動受到太陽引力的影響。因此只要知道引力，就能得知其加速度；再將加速度積分，就能知道速度與距離。

哈雷基於這樣的理論預測了哈雷彗星的軌道，推測出它每76年就會接近地球。而實際情況也正是如此，從而證明了牛頓微積分理論的正確性。

2 – 5　利用微積分控制油溫

　　到此為止，我們已經利用速度、時間與距離的關係，來說明微分與積分到底是怎麼一回事，不知道各位是否有建立明確的概念了呢？

　　接著我想要舉出另一個例子，來說明微分與積分的實際應用。各位或許會感到意外，但數學其實也活躍於料理的實際操作中。在此我想要以維持油炸溫度為例進行說明。

　　如下圖所示，我們在瓦斯爐上開火熱油。常溫的油在開火之後，溫度會逐漸上升。據說料理炸豬排與可樂餅等炸物的適當油溫大約180℃，所以我們必須思考該如何將油加熱到180℃，並維持其溫度。

180℃最好

　　簡單的做法是，當油溫低於180℃時將火力開到最大，等加熱到180℃以上就關火，也就是將火力設為0。

　　但這種方法存在著問題。即使立刻關掉（讓設定歸0）開到最大的火力，卻也因為留有不少餘熱，溫度仍會超過180℃並持續上升。因此，以實際上的油溫舉例來說，大致是像次頁般的感覺。

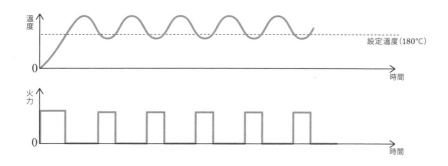

有滿多段的時間溫度高於180℃。

這代表油溫超過適當溫度,變得太熱,這樣炸出來的食物就不美味了。

　　所以我們需要一個好方法。這時想到的方法是,根據設定溫度和實際溫度的差距,以等比例的火力去加熱油。這麼一來,愈接近設定的溫度,火力就會愈小。所以就不會像剛才那樣大幅超過設定溫度。

　　然而這麼一來,油溫上升的速度就會變慢,油的熱量也會散失,當散失的熱量與火力達成平衡時,溫度就會維持在低於設定溫度的水準,無法上升到設定溫度。而這又會是一個問題。

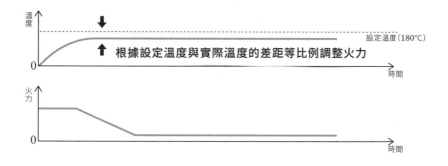

　　各位或許會覺得,只要溫度一有些微的差距就調高火力總行了吧?但這

麼做就會像交替使用最大火力和零火力的方法那樣，油溫還是會在超過設定溫度的情況下擺盪，只是程度比較輕而已。

那麼，到底該怎麼辦呢？

這時就要仰賴積分的力量了。

這次除了像剛才那樣，根據設定溫度與實際溫度的差距調整火力，還要再加上溫差以時間積分後的火力。只憑文字會難以理解吧？因此請看下圖。

前面提過，積分是求面積的計算。所以在這裡利用積分計算出圖中的面積，當面積變大時，就把火力調得強一點。

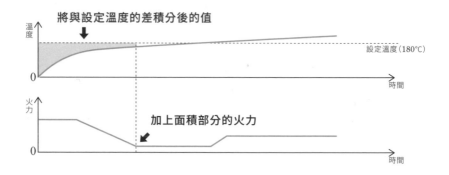

這麼一來，當油溫長時間維持在低於設定溫度的數值時，就會根據溫差追加火力，使油溫能夠達到設定溫度。

這裡的關鍵是將溫差積分後的值。因此即使溫差相同，火力也會隨著時間經過逐漸增強。憑藉火力，可以確保油溫穩定地達到設定溫度並維持住。

如果油溫超過設定溫度，則根據超出的溫度與時間減弱火力；而當房間溫度下降導致油溫也跟著降低時，就再次增強火力以回到原本的設定溫度。

但其實光靠這樣的調整還不夠。

因為畢竟是用於炸食物的油，也會放入肉類或蔬菜等食材。當放入大量食材時，油溫就會迅速下降。

換言之，溫度就會變得如下圖一般。雖然經過一定的時間後，就能靠著積分的力量回到所設定的溫度，但積分必須經過一段時間才能發揮效果。因此油溫無論如何都會有很長一段時間是偏離理想溫度的，這麼一來就無法炸出美味的食物了。

所以必須在放入食材，導致溫度急遽下降時增強火力。

此時就是微分登場的時候。

將溫度微分，就能計算出溫度下降的速度。換句話說，只要在放入冰冷的食材或是放入大量食材導致溫度急遽下降時，加強火力即可。

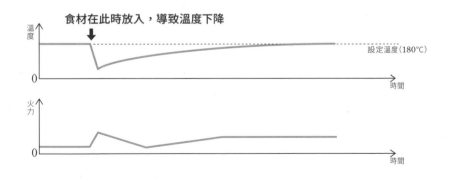

從時間與溫度的圖表，求出溫度下降速度的技巧就是微分。所以我們能

夠運用微分求出溫度下降的速度。所求出的速度愈快，需要的火力就愈大。

加上微分的控制，就能大幅縮短油溫下降時回到設定溫度的時間。

這種控制方法也被稱為PID控制法。P是Proportional的字首，代表比例，也就是火力根據現在溫度與設定溫度之間的溫差調整強度的部分；I則代表Integration，也就是積分；D則是Differential，即微分。

PID控制可說是針對「現在」、「過去」以及「未來」的控制。首先，根據「現在」溫度與目標溫度之間的差距決定火力。接著觀察「過去」，想要調整到這個溫度，但溫度遲遲上不去，所以只好增強火力，這就是積分控制。最後因為溫度急遽下降，所以「未來」的溫度將會降低吧？負責偵測這個部分的就是微分的控制。

這個概念可以應用在許多事物的控制，除了溫度之外，也能套用在引擎的動力、液體的量、壓力的控制等等。

由此可知，微積分就近在我們身邊，帶給我們安全與便利。

為什麼要使用
數學公式？

到此為止在說明微積分時，幾乎都沒有使用
到數學公式。但我想各位都已經大致掌握微
積分的概念了。

但另一方面，或許也有很多人抱持著疑惑
「既然如此，在學校裡學的那些充滿公式的
微積分究竟是怎麼一回事呢？」換句話說，
許多人都無法將前面讀到的內容與數學公式
結合起來。

先說結論，理解微積分還是必須要用數學公
式。前面以「大致理解」為優先，所以沒有
使用數學公式。但還是需要數學公式才能發
揮微積分原本的力量。

本章將說明，為什麼應用微積分的概念需要
數學公式、需要什麼樣的公式、又有哪些種
類等問題。

3-1

利用數學公式
以預測未來

「為什麼要使用數學公式呢？」這個問題的答案或許是「為了預測未來」，又或者是「為了看見看不見的東西」。

舉例來說，假設有下列這樣的圖表。

這些數字可以沒有意義，但想必也有人看到不具意義的數字會感到渾身不對勁吧。所以就把這些數字想成是某家店1天的來店人數吧！

那麼2月4日的數值會是多少呢？

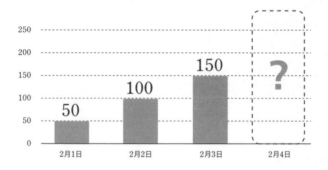

大概會像下圖這樣，預測數值是200吧？

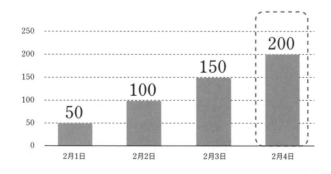

那麼如果換成是這張圖呢？

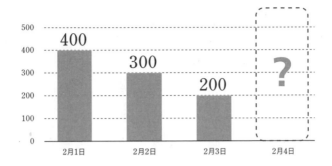

這個時候，或許會預測100吧？

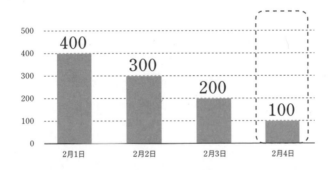

接著是最後一張圖。在這樣的情況下，2月5日的數字會是多少呢？

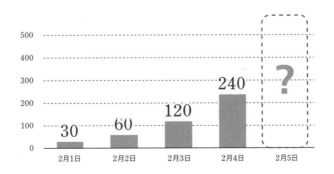

或許需要稍微想一下，但我想多數人會回答480。

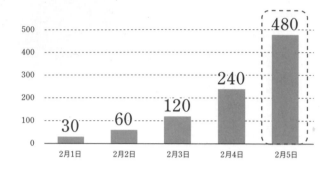

數學公式往往會被大家所討厭。但解答這些問題的人，可說是已經運用了數學公式的思維。

第1張圖表的數字每次增加50。這可以用一次函數$y=50x$來表示。下一張圖表的數字每次減少100，因此可以用$y=-100x+500$表示。至於最後一張圖表的數字每次都翻倍，因此可以表示為$y=15\times2^x$。

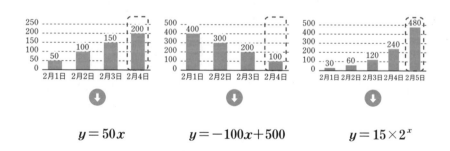

如果有人透過目視就能大致預測出數值，那麼即使沒有公式，或許也能憑感覺做出這樣的預測。但人類的直覺也會出錯，而且更重要的是依然需要人工操作。

所以我們會將這樣的預測工作交給電腦。這時就一定需要表示成數學公

式。因為電腦無法靠感覺，它只能理解數學公式所呈現的內容。

　　無論是商業問題還是生物問題，當然工程問題也一樣，我想分析數字的時候，目的都是希望藉由分析過去的數字，以預測未來。

　　所以我們需要分析數字，並轉換成數學公式。
　　一般學生在國、高中都學過1次函數、2次函數、指數函數、三角函數等各種數學公式。這些數學公式存在的目的，可以說就是為了將現實的數字套用在公式當中，藉此預測未來。

3 - 2　什麼是函數？

　　那麼，為了「預測未來」以及「看見看不見的東西」，就讓我們來學習數學公式吧！首先說明函數的概念。

　　函數就像是一個箱子，只要丟進「輸入」的數字，就會得到「輸出」的數字。

　　舉例來說，假設購買x本150元的筆記本，合計費用是y元；購買1本時（$x=1$）的費用是150元；購買2本時（$x=2$）的費用是300元。

　　由此可知，只要確定x的數值，也就是購買的筆記本數量，就能知道需要支付多少費用。這樣的概念就被稱為函數。

　　請將函數想像成如下圖一般的箱子，只要丟進一個數字，就會得到另一個數字。

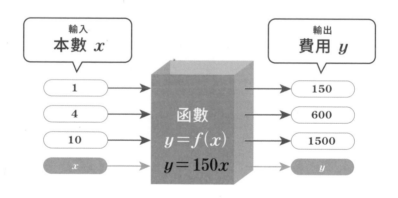

　　這時，購買x本筆記本的費用y是（$150 \times x$）元，但寫成公式通常會省略「$\times$」，因此就寫成$150x$元。所以購買的筆記本數量與費用的關係可以表示成$y=150\,x$。到這邊愈來愈接近學校所學的數學了呢！

這裡想要強調幾個概念，雖然會變得有點像教科書，但是這些概念很重要，請牢牢記住。

我想強調的概念就是變數、函數和常數。

我試著將剛才提到的，筆記本購買本數與合計費用之間的關係，改寫成數學的語言。x、y與$f(x)$就在這時登場。

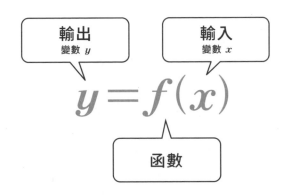

其中的x與y都是「變數」。因為x代表的是購買的筆記本數量，屬於可變化的數值；而y則代表的是合計金額，所以會隨著x改變，因此y也同樣會是變數。

接著是$f(x)$這個符號，它代表的是「函數」。f是英文單字function的字首，而function就是函數的意思。在這個例子中，$f(x)$代表的就是$150x$。因此這個例子中的$y=150x$與$y=f(x)$都是同樣的意思。

附帶一提，只有1個函數時通常會使用$f(x)$，但有時會出現2個以上的函數，這時一般會使用f之後的字母g、h等，寫成$g(x)$、$h(x)$。

至於$f(x)$括號中的x，代表的則是該函數的變數。以剛才提到筆記本為例，意思就是「$150x$的x是變數」。

此外也會看到像$f(1)$或$f(3)$等，以數字取代x的情況。舉例來說，$f(1)$就代表變數x為1時的函數值。換句話說，$f(1)=150×1=150$、$f(3)=150×3=450$。

再附帶一提，變數通常會使用x、y、z等英文字母的最後幾個字母來表示。除此之外也經常使用t。這個t是time的字首，代表時間的意思，經常使用於將時間當成變數的函數。

最後是「常數」。這部分有點複雜，如果這個部分讀了仍然不懂，可以先往下進行沒關係。

學校的教科書經常可以看到「$f(x)=ax+b$」這樣的表現。如同前述，$f(x)$是以x為變數的函數。但$ax+b$的公式當中，還包含了x以外的文字a與b。那麼a與b是什麼意思呢？

其實a與b就是所謂的常數。a與b都是英文字母，可以代入各種數字，但卻不是變數。以前面提到的筆記本購買本數以及合計費用為例，1本筆記本的費用就相當於a。在這個例子中，雖然將1本筆記本的費用設定為150元，但也可以是200元或是300元。所以才會使用a來表示1本筆記本的費用是多少元。

但由於a是常數，在函數中代表固定的值。換句話說，$f(x)=ax+b$時，$f(2)=2a+b$，而這個$2a+b$就相當於150或300之類的數字。這個部分在讀數學教科書時很難理解，請大家多加留意。

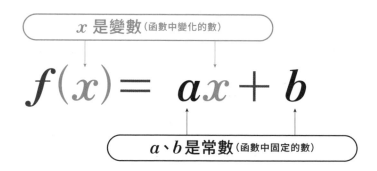

x 是變數（函數中變化的數）

$$f(x) = ax + b$$

a、b是常數（函數中固定的數）

使用變數時多半從x開始，而後是y與z，而常數則多半會從a開始，而後是b與c。

最後一點，提到函數各位或許會連想到數學公式，但函數也不一定非得是數學公式不可。舉例來說，A君從家門口出發，經過t（秒）後前進的距離是x（m），以函數表示可以寫成$x=f(t)$。這時的$f(t)$無法以$f(t)=10t$之類的明確公式來呈現吧？但它依然是不折不扣的函數。

函數的條件是針對某個變數值，存在著1個相對應的輸出值。在上述的例子中，A君在10秒後或許位於離家8m的地方，可以對應到一個明確的數字，因此這也可稱為函數。

順帶一提，「函數」一詞也出現在數學以外的領域。

舉例來說，有些人也會使用Excel的函數吧？這個函數基本上，也是針對給予的數字（變數）回應出某個數字；此外，程式設計中也會出現函數的概念，這也同樣是針對某個輸入值可以得到某個輸出值的概念。

由此可知，確實學會函數的概念，在數學之外的領域也很有用。請務必牢牢記住。

在前例中，假設購買x本筆記本的費用為y元。這時在函數這個箱子中輸入的筆記本數量就是x，輸出則是y。以數學公式表示則寫成$y=150x$。

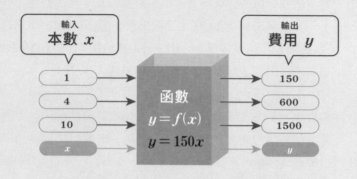

但在某些情況下也會希望反過來思考。換句話說，問題變成了當費用是y元時，可以購買x本筆記本。也就是輸入變成y元，輸出則變成x本。

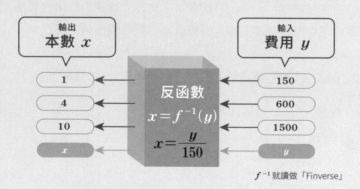

f^{-1}就讀做「Finverse」

此公式為$x=\dfrac{y}{150}$。這種輸出與輸入相反的函數，就稱為反函數。
若採取$f(x)$的表現方式，$y=f(x)$的反函數就表示成$x=f^{-1}(y)$。

f^{-1}就讀做「**Finverse**」。像這樣的反函數也會將x與y互換，也就是y變成本數，金額則變成x元，以$y=f^{-1}(x)$呈現。

3-3

熟悉圖形吧！

接著來說明呈現函數所需的圖形。

前面已經說明過函數就像箱子，對於給定的輸入，只會有1個輸出，而圖形就以輸入為橫軸，輸出為縱軸，將兩者的關係以視覺的方式呈現。

舉例來說，假設有每100g售價300元的牛肉。這時就讓我們來思考購買的牛肉重量為x（g）時，價格為y（元）的函數。

100g的牛肉是300元、200g是600元、500g是1500元、1000g是3000元，所以我們可以在座標軸上標出相對應的點，再用線將這些點連接起來，就會變成如下方圖表一樣了。

300g的牛肉確實是900元，800克也確實是2400元，由此可知，這個呈直線狀的圖形正確地反映了牛肉重量與價格的關係。

附帶一提，這種關係可以用數學公式$y=3x$來表現。

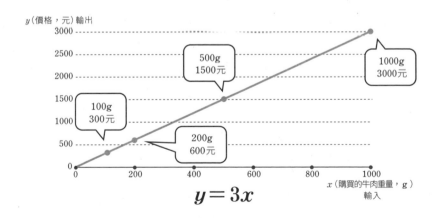

$$y = 3x$$

再追加一點設定，假設這家店在販賣肉品時會酌收200元的容器費。則

牛肉的重量x（g）與價格y（元）的關係，就會變成如接下來的圖表般。若將不需要容器費的圖形以虛線呈現，需要容器費的就是往上平移200元。

附帶一提，將這樣的關係寫成數學公式就是$y = 3x + 200$。

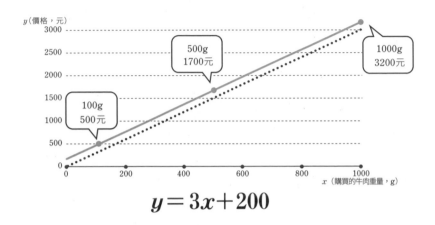

$$y = 3x + 200$$

我們再把設定變得更為複雜一點。假設基本上每100g的售價是300元，但購買400g的優惠價則為1000元，但這次不需要支付容器費。這時牛肉重量x（g）與價格y（元）的關係，就會如下圖所示。

雖然設定較複雜，但如果像這樣以圖形表現，兩者關係就更會容易理解。舉例來說，透過圖形可知道，與其購買380g，不如購買400g更划算。

但是這樣的關係如果用數學公式表現會變得很複雜，所以在此省略。

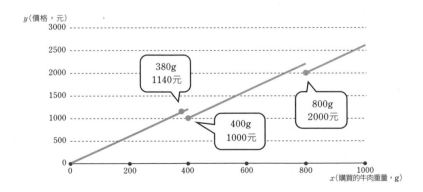

　　　　　3-3　熟悉圖形吧！

我們能夠藉由繪製圖表，以視覺方式去理解函數。舉例來說，各位可以將數學公式想像成電子時鐘，圖形則想像成傳統時鐘。

對於那些不擅長公式的人而言，將公式轉換成圖形就能透過圖像幫助理解數學概念。因此，本書也盡量使用圖形，幫助讀者以視覺化的方式理解各種概念。

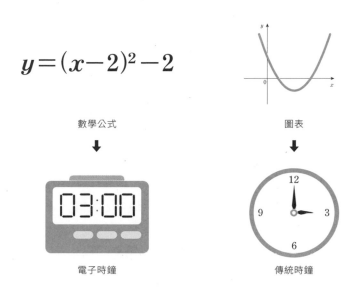

$$y = (x-2)^2 - 2$$

數學公式　　　　　　　　　　　　圖表

電子時鐘　　　　　　　　　　　　傳統時鐘

附帶一提，世界上似乎有2種人，一種是一出現公式就搞不清楚的人，另一種則是如果不看到公式就無法理解的人。但這並不意味著前者不擅長數學。因為確實有人即使不喜歡公式，依然能夠活用數學。

而我自己顯然更接近「一出現公式就搞不清楚的人」。而圖表就是這類人的好夥伴。所以建議不擅長公式的人多多使用圖形來理解公式。

CALCULUS

3－4 如何建立數學公式

　　本章的開頭提到「我們利用數學公式以預測未來」。那麼預測未來的數學公式是如何建立的呢？

　　方法大致有2種。一種是使用統計的方法建立，另一種則是使用微分方程式建立，而後者正是本書的主題。

　　我們先說明統計的方法。

　　統計的方法簡而言之就是收集大量的數據。各位或許聽過「大數據」這個詞，這正是統計方法的一種。除此之外，多數的AI（人工智慧）也都使用統計的方法建立數學公式，並依此預測未來。

　　讓我們舉個簡單的例子。假設有一家網路商店，收集了1天的網站訪問次數與訂單數量的數據。其結果如下圖所示。

　　橫軸的x代表訪問次數，縱軸的y則代表訂單數量。

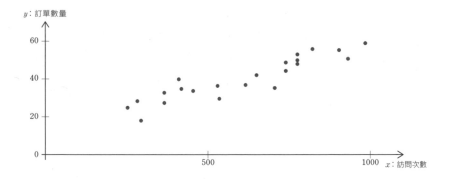

　　當然，訂單數量並非只取決於訪問次數。當天是星期幾、宣傳的強度等各式各樣的因素想必都會為其帶來影響。所以即使某幾天的訪問次數相同，

訂單數量也不會一樣多。但還是能夠憑感覺發現訪問次數增加，訂單數量也會跟著變多。

實際上，觀察訪問次數與訂單數量的分布圖，也會發現訪問次數愈多，訂單數量就會愈多。所以我們就試著拉出像這樣的直線。

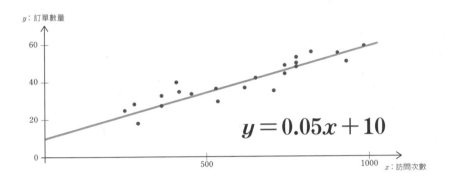

就算誤差固然存在，但這些點大致上還是沿著直線分布著。有一種稱為「最小平方法」的數學方法能夠畫出這條直線，此方法可以讓誤差最小化。

假設這條直線以$y=0.05x+10$的數學公式表現，其斜率是 0.05。這意味著每當訪問數增加20次，大約就會有1筆訂單產生。

雖然這只是個單純的例子，但舉例來說，假設有人問「如果訪問次數是800次，會產生多少訂單呢？」這個問題涉及未來，一般來說我們是無法知道的；但因為有了這個公式，就能預測「大約可以獲得50筆訂單」。這正是不折不扣的預測未來。

由此可知，只看數據無法預測未來；但透過將數據轉換成數學公式，未來就會變得可以預測。這就是數學公式的威力。

這個方法不僅適用於科學，也適用於社會科學等廣泛領域的複雜問題。即使是難以掌握其運作機制的複雜問題，只要有輸入與輸出的資料就能建立

公式。但是這種方法誤差比較大，而最大的難題是需要非常龐大的數據才能獲得公式。

事實上，AI 需要使用非常龐大的數據進行學習，這種學習過程稱為「標注（Annotation）」。而且其中的多數作業都得依靠人工進行。舉例來說，為了讓AI能夠辨識紅綠燈，也需要使用大量數據幫助其學習。

AI或許給人聰明的印象，但收集數據並幫助它學習的過程，卻是相當單調乏味的作業。

這就是透過統計方式建立「預測未來的數學公式」之方法。透過統計方式建立數學公式，就是利用大量數據建立公式。換句話說就如下圖所示，首先要有大量數據，再基於這些數據去建立公式。

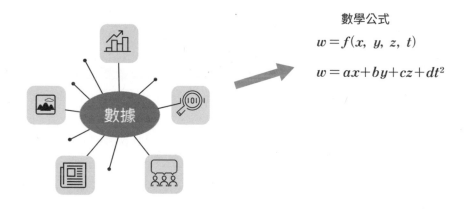

相對於統計方法，還有本書主要介紹、使用「微分方程式」的方法。這個方法的概念與統計的方法完全相反，能夠透過1個根本元素建立「預測未來的方程式」。

這個根本元素就稱為「微分方程式」。多數人聽到「方程式」，就會聯想到國、高中學過的，如同次頁圖般的1次方程式或2次方程式。這些方程式的解是「數值」。

「微分方程式」與一般人在國中學到的1次方程式或2次方程式有著根本上的差異，雖然都被稱為「方程式」，但微分方程式的解不是「數值」，而是「函數」。

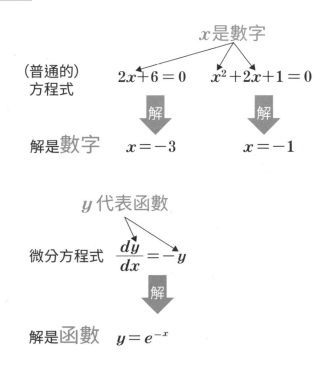

　　如同先前所述，函數就像一個箱子，給予輸入的數值，就會給出輸出數值。舉例來說，$y = x^2 + 3x + 5$ 這樣的公式也是函數。因此也可以把微分方程式想成是建立方程式的工具。

　　到此為止，我們一直都說數學公式是預測未來的預言者。從這個角度來看，微分方程式就可視為創造出這些公式的「預言者之首」。

　　以電流和電壓這個領域為例，該領域之首就是次頁圖所呈現的微分方程式「馬克斯威爾方程式」。透過這個方程式，我們可以得到描述電流與電壓的數學公式。

馬克斯威爾方程式（微分方程式）

$$
\begin{cases}
\nabla \cdot B(t,\ x) = 0 \\[2mm]
\nabla \times E(t,\ x) = -\dfrac{\partial B(t,\ x)}{\partial t} \\[4mm]
\nabla \cdot D(t,\ x) = \rho(t,\ x) \\[2mm]
\nabla \times H(t,\ x) = j(t,\ x) + \dfrac{\partial D(t,\ x)}{\partial t}
\end{cases}
$$

數學公式（函數）

$$
I_C = \frac{is}{QB}\left(e^{\frac{V_{BE}}{nfV_t}} - e^{\frac{V_{BC}}{nrV_t}}\right) - I_{CB}
$$

$$
I_B = \frac{is}{bf}\left(e^{\frac{V_{BE}}{nfV_t}} - 1\right) - ise\left(e^{\frac{V_{BE}}{neV_t}} - 1\right)I_{CB}
$$

不過，函數並非總是能夠以數學公式呈現。舉例來說，描述汽車在 t 秒後位置 x（m）的函數 $x = f(t)$，通常無法以乾淨的數學公式表現，但依然屬於函數。只要知道這個函數，就能預測汽車的位置。

在物理的世界有「世界由方程式掌控」的說法。這裡的「方程式」指的就是微分方程式，與國、高中學到的方程式不同，請各位必須理解這點。

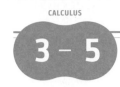

3-5

模擬的背後
存在著微分方程式

　　各位聽過「模擬器」嗎？模擬器指的是「提供仿真環境以模擬出實際條件的系統」。而許多模擬器都使用微分方程式作為預測未來的手段。

　　舉例來說，電子電路的模擬器就根據電與磁的基礎微分方程式（前面介紹的馬克斯威爾方程式），建立在電路中流動的電流與電壓的方程式。這些方程式能夠正確得知關於電的一舉一動，因此能夠進行半導體與電子電路的設計。

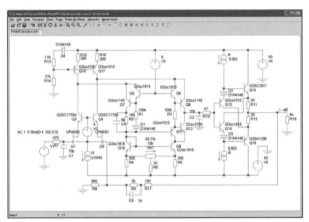

https://www.cqpub.co.jp/hanbai/books/38/38311/SIMetrix_1.gif

　　除此之外還有航空器以及電車的模擬器。這些模擬器雖然乍看之下像是遊戲機，但卻能夠精確地模擬仿真條件，因此甚至還能用來訓練飛行員與駕駛員。

　　舉例來說，模擬器能夠以近乎現實的條件模擬飛機在某種風力的情況下，以什麼樣的引擎輸出，會表現出什麼樣的行動。

飛行模擬器

　　一般來說，航空器是安全的交通工具，很少會陷入危險的狀況之中。但為了以防萬一，飛行員必須接受迴避危急狀況的訓練。

　　而模擬器之中就能夠創造出這樣的危急狀況，藉此訓練飛行員順利避開危機。

　　飛機模擬器會解開流體力學領域的微分方程式，建立描述飛機行動的數學公式。而這些公式就像這樣再現真實世界。

　　此外，汽車的安全設計需要透過實際引發事故來進行實驗。但進行這種實驗除了需要破壞一輛車，還必須準備昂貴的人體模型以調查對人體的傷害，耗費龐大的金錢和時間。

取自豐田汽車的虛擬人體模型「THUMS」

取自加賀 SOLNET 股份有限公司的網站

　　但隨著解微分方程式的模擬器發展，許多碰撞實驗也可以用模擬器來代替。模擬器就像這樣對科學技術的發展帶來貢獻。

　　此外，模擬器的功能也拓展到化學反應、天氣、社會現象或是經濟等領域。所以磨練精確且快速解開微分方程的技巧是有價值的，就像開發低油耗而強大的引擎，或輕巧堅固的建築材料一樣。

3 – 6 支撐科技的微分方程式

接下來將介紹幾個微分方程式。其中也包含了一些非常複雜的數學公式，看不懂也沒關係。

在此不會說明微分方程式的具體內容，只需要當成一幅畫來欣賞即可。請抱持著增廣見聞的心態閱讀。

首先是牛頓的運動方程式。這個微分方程式將前面章節所提到的，速度、時間與距離的關係全部包含在內。換句話說，解開這個微分方程式，就能獲得表現某個時間的物體位置與速度的函數。

小從沙粒的運動，大到天體的運動，世界萬物的運動都能透過這個微分方程式來表現。關於這個方程式的進一步內容，將會在第6章進行詳細介紹，因此也請多加參考。

牛頓的運動方程式

$$F = ma = m\frac{d^2x}{dt^2}$$

接下來是電氣領域的馬克斯威爾方程式。這是描述電場與磁場行為的微分方程式，解開這組微分方程式，就能得到表現電流與電壓的函數。所以這組微分方程式能夠設計日常生活中的所有電器與半導體等的電路，對於現代社會稱得上是不可或缺的存在。

馬克斯威爾方程式

$$\begin{cases} \nabla \cdot B(t, \ x) = 0 \\ \nabla \times E(t, \ x) = - \dfrac{\partial B(t, \ x)}{\partial t} \\ \nabla \cdot D(t, \ x) = \rho(t, \ x) \\ \nabla \times H(t, \ x) = j(t, \ x) + \dfrac{\partial D(t, \ x)}{\partial t} \end{cases}$$

　　下面的這個微分方程式是用來表現流體行為的「那維爾－史托克方程式（Navier-Stokes equations）」。解開這個方程式，就能得到描述水流與氣流等流體的函數。

　　這個方程式也被用來解析冷卻用水以及空氣的流動、天氣，或是飛機的行為等。

那維爾－史托克方程式

$$\rho \left\{ \frac{\partial v}{\partial t} + (v \cdot \nabla) v \right\} = - \nabla p + \mu \nabla^2 v + \rho f$$

　　再下一個方程式是用來顯示波的行為的波動方程式。解開這個方程式，就能得到描述波的傳遞與反射的公式。世界上充滿了各式各樣的「波」，這個方程式在日常生活中被用來解析電波與聲波。所以如果沒有這個方程式，那就會連手機也無法使用。

　　除此之外，地震也是一種波，所以這個微分方程式也被使用於地震預測系統，對日本人來說非常重要。

波動方程式

$$\frac{\partial^2 u}{\partial t^2} = v^2 \frac{\partial^2 u}{\partial x^2}$$

接下來是描述擴散狀態的擴散方程式。解開這個方程式,就能得到描述擴散所伴隨的物質變化之函數。

擴散聽起來是個有點陌生的現象,但舉例來說,熱的傳導就可藉由擴散描述。換句話說,電器產品與引擎冷卻的設計,都不能缺少此微分方程式。

擴散方程式

$$\frac{\partial u(x,\ t)}{\partial t} = \kappa \frac{\partial^2 u(x,\ t)}{\partial x^2}$$

接著是個規模稍大的微分方程式。是描述宇宙行為的愛因斯坦方程式。

我想各位都曾經聽說過「黑洞」。黑洞中的重力極為強大,大到能夠扭曲時空,甚至將光封閉其中。

各位聽到這裡或許會感到不可思議「這是怎麼知道的?」畢竟我們不可能使用黑洞進行實驗,只能借助數學與微分方程式的力量進行分析。

呈現這些宇宙行為的方程式,就是愛因斯坦方程式。

這個方程式的難度,絕非之前的方程式可以比擬的。首先,其係數不是普通的數字,而是被稱為張量的物理量;至於方程式也採取聯立偏微分方程式的形式。

解開這個微分方程式所得到的函數,能夠將宇宙、黑洞、大霹靂等人類無法感受的事物之進行狀況,呈現於人類眼前。這就是微積分的力量。

愛因斯坦方程式

$$R_{\mu\nu} - \frac{1}{2} R g_{\mu\nu} + \Lambda g_{\mu\nu} = \frac{8\pi G}{c^4} T_{\mu\nu}$$

最後介紹的方程式是被稱為「布雷克－休斯方程式」的微分方程式。這個方程式與先前介紹的方程式不同，並非使用於科學技術領域，而是使用於經濟學領域。

這個方程式被稱為機率微分方程式，其特色是能夠表現「機率」。舉例來說，股價變動包含了隨機變化，因此分析股價的微分方程式，就必須包含機率的要素。而布雷克－休斯方程式就是能夠表現這點的微分方程式。

這個方程式被用來分析股價變動，或是計算保險的保費、設計被稱為選擇權的金融商品等。微積分也已然成為經濟領域不可或缺的工具。

布雷克－休斯方程式

$$rC = \frac{\partial C}{\partial t} + \frac{1}{2} \sigma^2 S_t{}^2 \frac{\partial^2 C}{\partial S_t{}^2} + rS_t \frac{\partial C}{\partial S_t}$$

3-7

數學公式的特徵

接下來將從基本的1次函數開始，依序介紹2次函數、高次函數和指數函數。不擅長數學公式的人請透過觀察圖形掌握其特徵。

此外，第7章也會介紹日本高中會教的對數函數與三角函數的性質，想要進一步學習的讀者也不妨參考看看。

1次函數

1次函數是圖形呈直線的函數，也是所有函數中最基本的一種。

其數學公式的形式類似$y=2x+1$，一般可寫成$y=ax+b$（a、b是常數，且a不為0）。

a在這裡稱為斜率，b則稱為截距。

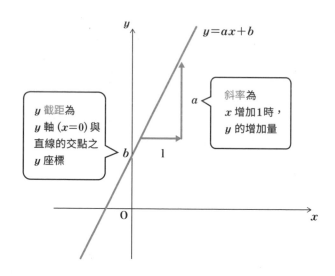

這時的a與b，尤其是斜率a，在表現1次函數的特徵時非常重要。斜率a

代表x增加1時y的增加量。舉例來說正如前例中的，當x是購買的筆記本數量，y是合計費用時，斜率就代表1本筆記本的費用。

截距b則顯示當輸入的(x)為0時，輸出的(y)值。

2 次函數

2次函數如下圖所示，其圖形是一條稱為拋物線的曲線。正如拋物線這個名稱所示，物體拋出時的軌道就以2次函數來描述，因此在物理的世界中經常出現。

其數學公式的形式類似$y = x^2 + x + 3$，一般可寫成$y = ax^2 + bx + c$（a、b、c是常數，且a不為0）。

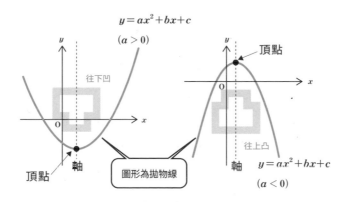

$$y = ax^2 + bx + c$$
$(a > 0)$

往下凹

頂點

軸

圖形為拋物線

頂點

往上凸

軸 $y = ax^2 + bx + c$

$(a < 0)$

這時若x^2的係數a為正，則圖形「往下凹」；a為負則「往上凸」。

再者，拋物線達到極小值或極大值的點稱為「頂點」。頂點是經常使用的詞彙，所以請記起來。

高次函數

用來表現x的不同次方項之和的函數中，最常使用的是1次函數或2次函數。但有時也會使用最高次方項為3次以上的函數。

舉例來說，如果最高次方項為3次，則會被稱為3次函數；如果最高次方項為6次，則稱為6次函數。以3次函數為例，寫成數學公式就是 $y = ax^3 + bx^2 + cx + d$ （a、b、c、d是常數，且a不為0）。

各位或許會感到好奇，為什麼只著眼於最高次方項呢？因為最高次方項（在x改變時）增加或減少最快。

下圖將 $y = x^6$、$y = x^4$、$y = x^2$ 的曲線重疊。這時就能清楚看出次方數愈高，增加或減少的速度就愈快。

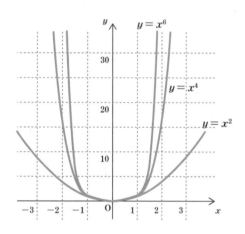

此外，一般來說，高次函數的次數愈高，圖形就會愈曲折。

舉例來說，3次函數通常有2個被稱為極值的點（函數從增加變為減少，或從減少變為增加的點），而4次函數則有3個。就像這樣，次方數每增加1，極值也會跟著增加，因此函數圖形就更顯曲折。

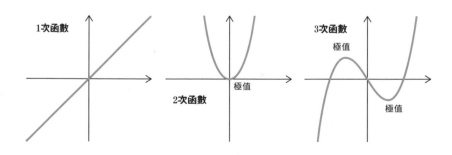

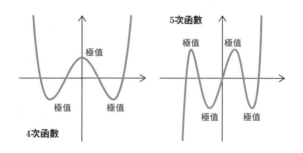

指數函數

指數就像「2^5」的「5」一樣，就是位於某數字右上角的數字。

這代表的是該數字乘以自己的次數，例如2^5就是$2 \times 2 \times 2 \times 2 \times 2$，也就是2乘以自己5次；$2^3$則是$2 \times 2 \times 2$，也就是2乘以自己3次。

這時如果有一個函數是$y = 2^x$輸入的x就代表2乘以自己的次數，y則是計算出來的值，這樣的函數就稱為指數函數（至於x是分數或負數時的函數值將在第7章介紹，也請多加參考）。

以下圖為例，假設有一種生物，每代都會生出3隻子代，這時第x代的個體數y就是$y = 3^x$。

事實上，世界上存在著許多像這樣根據指數函數變化的關係，這是應用數學時經常使用的函數。

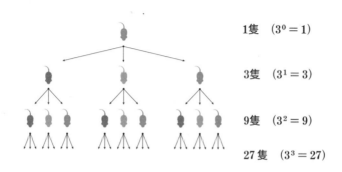

1隻　（$3^0 = 1$）

3隻　（$3^1 = 3$）

9隻　（$3^2 = 9$）

27隻　（$3^3 = 27$）

$y=2^x$ 圖形如下所示，當$x=1$時$y=2$、$x=2$時$y=4$、$x=3$時$y=8$、$x=5$時$y=32$，y的值逐漸增加。指數函數是一種y值增加速度非常快的函數，其增加速度比任何次方數的高次函數都還要快。

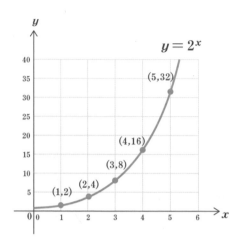

重點　如何看懂對數圖

如同先前的說明，世界上存在著許多指數函數，而我們會使用「對數圖」來將指數函數的變化關係畫成圖形，希望各位都能熟悉這種圖形。

折報紙是解釋對數圖的好例子，請各位想像一下。報紙的厚度大約是0.1mm。折1次時，厚度會變成2倍，也就是0.2mm、折2次則是0.4mm、折3次就是0.8mm。

那麼，如果把報紙折25次，厚度會變成多少呢？

「大約是30cm吧？」、「說不定會達到1m？」

各位或許會想像這樣的數字，但結果卻遠遠高過於此。其實折25次的報紙厚度會達到3355m。日本富士山的高度為3776m，因此其厚度幾乎已經與富士山相當。

當然，實際上由於受到折痕影響，報紙無法被折這麼多次，但如果真的可以折，就會達到這樣的厚度。

當我們以圖形來呈現這樣的變化時，結果就會變成下圖。看圖就能知道，直到20次左右的圖形幾乎都還緊貼著0，看似沒有變化，但實際上厚度卻是不斷地增加……。

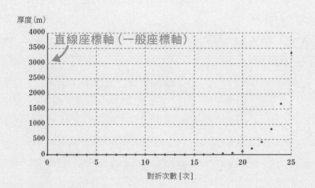

這時常用的就是「對數圖」。將厚度與對折次數的關係畫在對數圖上，就會變成以下這樣的圖形。從圖中可以看見厚度從對折次數0到25直線增加，圖形呈現一直線。因此就可以清楚看出厚度變化。

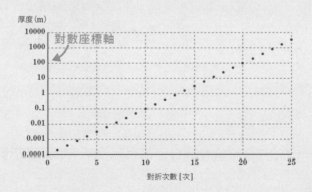

這是縱軸變成「對數座標軸」的圖形。那麼對數座標軸是什麼呢？仔細看座標軸的刻度就會發現，其刻度為0.01、0.1、1、10，以10倍為1個刻度，與普通座標軸有很大的不同。

至今使用的一般座標軸，等距離的刻度之間擁有相同的差，譬如1000與2000之間的距離，和2000與3000之間的距離相等。

然而在對數座標軸上，等距離的2個刻度之間卻代表等比例，譬如1與10之間的距離，和100與1000之間的距離相等。

由此可知，對數坐標軸就是等間隔之間呈等比例的軸。下圖呈現出1到100的對數軸上的刻度。

雖然前面的說明是每個刻度增加10倍，但每增加2倍（例如1到2、2到4、4到8，以及20到40），或是增加3倍（例如從1到3、3到9、30到90）也都是等距離。

對數軸的機制

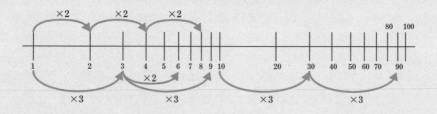

我們的日常生活中存在著許多這樣的對數軸，因此請多多留意觀察吧。

微積分在
數學世界的地位

CALCULUS

Chapter

4

第1章與第2章以不使用數學公式的方式，
說明了微積分到底是什麼。接著在第3章則
介紹了數學公式的威力，以及使用數學公式
的基礎。如果各位能夠因此感受到數學公式
的厲害之處，那就太好了。

接下來的第4章，將說明把數學公式微分、
積分的具體方法。

4-1

用積分求面積

我們在第2章提過積分是用來計算面積的「超級乘法」。而在第3章也針對了數學公式進行說明，因此接下來的內容就會重新介紹如何使用數學公式求得面積。

首先如下圖所示，假設有一個1次函數$y=x+1$，而我們想要對這個數學公式進行積分。這裡所說的面積，指的是x軸與函數$y=x+1$所圍起來的面積。

不過計算面積需要範圍，在此就對$x=1$到$x=3$的範圍進行積分吧！

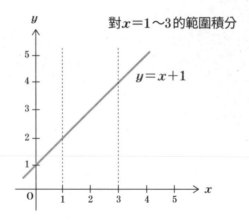

對$x=1$～3的範圍積分

計算這個圖形的面積很簡單不是嗎？如接下來的圖所示，將圖形分割成三角形與四方形。四方形在x軸方向的長度是2，在y軸方向的長度也是2，換言之這個四方形是面積為4的正方形。至於上方的三角形的底是2，高也是2，使用底×高÷2的公式求得面積是2。因此這個圖形的總面積就是6。

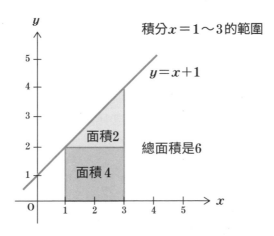

積分 $x=1\sim3$ 的範圍

$y=x+1$

面積2

總面積是6

面積 4

　　換句話說，對這個1次函數 $y=x+1$ 在 x 為1到3的範圍進行積分，所得到的值就是6。

　　之後將會詳細說明，但將這個計算寫成數學公式就會變成如下所示。積分符號的意義看似困難，但透過這樣的方式就能清楚看見其意義。

$$\int_{1}^{3}(x+1)dx=6$$ ⟶ 函數 $y=x+1$（x 為1～3）與 x 軸形成的圖形面積是6

　　這是個簡單的例子，接著就來思考2次函數的積分吧！舉例來說，對 $y=x^2$ 的函數在 $x=1\sim3$ 的範圍內進行積分，換言之就是計算接下來的圖所示之面積。

　　1次函數是直線圍成的圖形，因此即使只運用國小程度的知識也能將面積求出；但是2次函數（拋物線）所圍成的圖形，就無法這麼輕易地計算出面積了。

　　既然如此，其面積該如何求出呢？

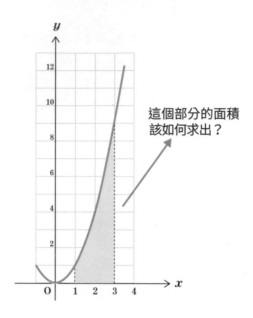

這個部分的面積
該如何求出？

各位或許已經發現了，求出這塊面積的技巧就是積分。

接下來將介紹其中的技巧，但必須先理解微分與導函數的概念。

所以就先從微分的說明開始。

4 - 2　用微分求斜率

　　接著針對微分進行說明。第2章曾經介紹過微分是求得斜率的「超級除法」。因此就和積分的部分一樣，先試著用簡單的函數來思考斜率。

　　首先是1次函數。在此試著考慮對$y=2x+1$的函數進行微分。

　　微分所求的是某個點的斜率。因此試著在$x=2$的點，也就是在$(2, 5)$的點對這個函數進行微分。其斜率值若以稍微困難一點的術語來描述，也稱為導數。

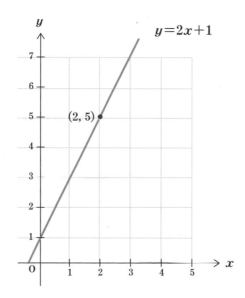

　　所謂斜率就是x增加1時y的增加量。$y=2x+1$的函數斜率是2，因此x增加1時y就會增加2。這個函數是直線，代表直線上的每個點斜率都相同。

　　舉例來說，x從1增加到2時的斜率，以及從2增加到3時的斜率都是2。

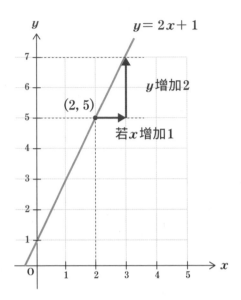

由此可知，$x=2$時的斜率也是2，因此在$x=2$時對這個1次函數進行微分所得到的結果就是2。

將這個計算寫成數學公式如下，隨後將會詳細說明。首先將這個1次函數設成$f(x)=2x+1$。

注意有「′」

$$f(x)=2x+1 \quad \xrightarrow{\text{微分}} \quad f'(x)=2 \quad (f'(2)=2)$$

$x=2$時的斜率是2

這時無論x是多少，微分後的x值都是2，寫成公式就是$f'(x)=2$。函數值與x無關看似有點奇怪，像這種無論輸入的x是多少，結果都是2的函數稱為常數函數。當然，$x=2$的值就是$f'(2)=2$。

這個例子很簡單，接下來就針對2次函數做同樣的思考。舉例來說，對$y=x^2$的函數在$x=2$進行微分。

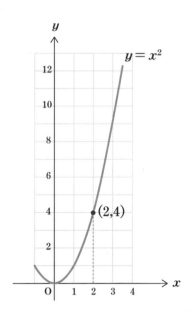

如果畫成圖形，在$x=2$進行微分就等於是在$(2, 4)$的點進行微分。這個點的斜率如圖所示，就是在$x=2$的位置與這條拋物線相切的直線的斜率。那麼該如何求出其斜率呢？

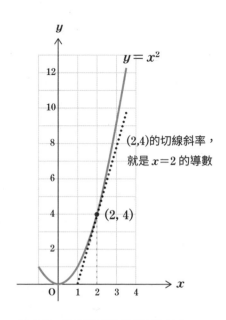

$(2,4)$的切線斜率，
就是$x=2$的導數

附帶一提，有些人或許不知道曲線與直線「相切」是什麼意思。如下圖所示，曲線與直線相切就是圓滑的曲線與直線只有1個交點。

　　為了形成相切的狀態，直線的斜率就很重要。斜率稍微偏大或稍微偏小，都會使直線與曲線出現2個交點。當兩者的交點變成1個時，這樣的狀態就稱為「相切」。

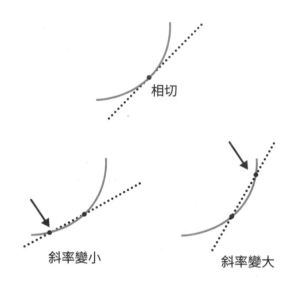

兩者都會使交點變成 2 個

　　再把話題拉回來，求出 $y = x^2$ 在 $x = 2$ 的斜率並不容易。總之先試著採用與1次函數相同的方法。舉例來說，當 x 從1變成2時，直線的斜率會變成3；從2變成3時，直線的斜率會變成5。$x = 2$ 的切線斜率似乎會是兩者之間的數值，但光靠這樣還是無法求出。

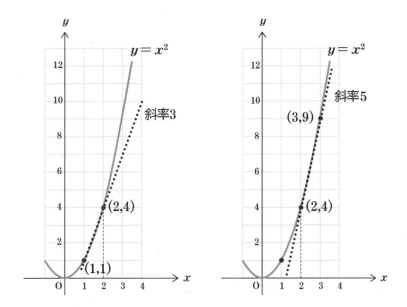

如果是1次函數，無論哪個點的斜率都相同，但這次卻無法輕易求得。

我們該如何對這個2次函數進行微分，也就是求出在$x=2$的點的切線斜率呢？

各位或許已經發現，求出這個斜率的技巧就是微分。

4-3　導函數是「斜率的函數」

積分是求出面積的方法，微分則是求出斜率的方法。根據先前討論的內容，我們說明過如果是1次函數，無論微分還是積分都很簡單。但如果是2次函數就沒有那麼容易了。

在此想要先說明微分的技巧。

先從結論說起，像2次函數這樣單純的函數，存在著稱為導函數的函數，而導函數顯示的是斜率，也就是導數。

導函數
(賦予某個函數斜率的函數)

注意

$$f(x) \text{ 的導函數是 } f'(x)$$

前面提到的函數$f(x) = x^2$在$x = 2$的導數可透過以下的方式求得。

$f(x) = x^2$的導函數$f'(x)$為$f'(x) = 2x$。導函數在這裡以$f(x)$加上小點「′」的方式表現，敬請留意。

如果是$f'(x) = 2x$，就能直接將$x = 2$代入，計算出來的值是$f'(2)$。因此$y = x^2$在$x = 2$的切線斜率（導數）就是4。

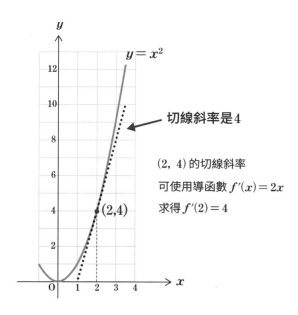

$y = x^2$

切線斜率是4

(2, 4) 的切線斜率
可使用導函數 $f'(x) = 2x$
求得 $f'(2) = 4$

附帶一提，導函數可代入各種的值。例如，$y = x^2$在$x = 1$的斜率就是將$x = 1$代入$f'(x) = 2x$，得到$f'(1) = 2$。同理，$x = 3$斜率為$f'(3) = 6$。

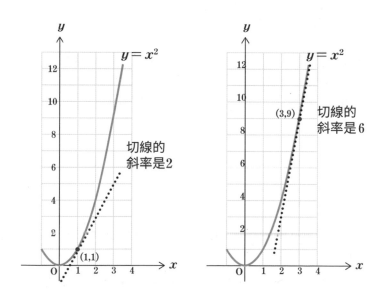

$y = x^2$

切線的
斜率是2

(1,1)

$y = x^2$

(3,9)

切線的
斜率是6

怎麼突然冒出了導函數這個詞呢？但所謂的導函數就是賦予某個函數斜率的函數。各位或許會疑惑「導函數到底是怎麼求出來的？」關於這點將會在稍後加以說明，總之請先知道這件事。

因為很重要，所以我再強調一次。某個函數 $f(x)$ 的導函數 $f'(x)$，就是在 $f(x)$ 上賦予斜率的函數。

講到關於導函數的求法，如果是像 $f(x)=x^3$ 這樣的指數函數，那麼一來 $f(x)=x^n$ 的導函數 $f'(x)$ 就是 $f'(x)=nx^{n-1}$。換言之，$f(x)=x^3$ 的導函數 $f'(x)$ 就是 $f'(x)=3x^2$。至於像 $f(x)=5$ 這樣的常數函數，因為其值不會隨著 x 的值而改變，也就是斜率為0，因此 $f'(x)=0$。

為了讓各位習慣，我會舉出幾個具體例子。微分或導函數什麼的聽起來很難，但看了這些計算就會發現，只要說明規則，就連國小學生都能輕易計算出來。

至於求出某個函數的導函數這件事，可以稱其為「（將函數）微分」。

$$f(x)=x^n \qquad \text{那麼，其導函數是} \qquad f'(x)=nx^{n-1}$$

$$f(x)=x^3 \quad \xrightarrow{\text{微分}} \quad f'(x)=3x^2$$

$$f(x)=3x^2+5 \quad \xrightarrow{\text{微分}} \quad f'(x)=6x$$

$$f(x)=5x^4+4x^3+6 \quad \xrightarrow{\text{微分}} \quad f'(x)=20x^3+12x^2$$

在此不會提及賦予斜率的導函數為什麼會以這種方式計算。這部分會在第5章有更詳細的說明。

但理解「導函數表現的是斜率」，會遠比求出導函數的方式重要，首先

請確實具備好這樣的認知「導函數是斜率的函數」，這是一條征服微積分的捷徑。

　　以下呈現出函數的圖形與其導函數的關係。希望各位也能透過視覺的方式掌握導函數就是「斜率的函數」。

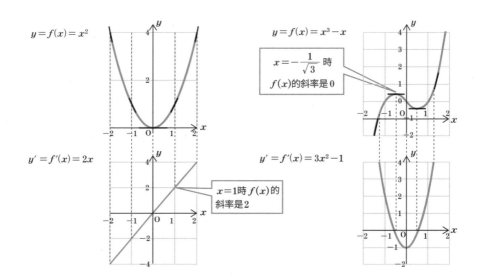

4 - 4　積分是微分的逆運算

　　在上一節不厭其煩地反覆提到「導函數是斜率的函數」。但之所以會一再重複，是因為這個概念真的很重要。什麼都可以忘記，就只有「導函數是斜率的函數」絕對不能忘記。

　　如果能夠理解這點，我想就已經理解微分結構中最重要的部分。所以就讓我們進入下一步吧！下一個概念是「積分是微分的逆運算」，這是進行積分計算的必要概念。換句話說，積分與微分就像乘法與除法一樣，互相為彼此的逆運算。

　　「積分是微分的逆運算」也是非常重要的概念。

　　倘若能夠充分掌握剛才提到的「導函數是斜率的函數」、「積分是微分的逆運算」以及「原始函數是面積的函數」，那麼幾乎可說是已經理解日本高中程度的微積分結構了。

　　求出某個函數 $f(x)$ 的導函數 $f'(x)$ 稱為微分。而透過微分求得的導函數就是斜率的函數。

　　積分也有同樣的關係，但是比微分稍微複雜。積分其實有2種意義。一種意義是求出面積，這種積分稱為定積分；另一種意義是求出「面積的函數」，這種積分稱為不定積分。

　　如果依照第1種意義，對函數積分所能得到的就是數字的「面積」；至於第2種意義，對函數進行積分則會得到函數。

積分的2種意義

① 求出面積的積分　　　② 求出函數的積分

定積分

$$\int_a^b f(x)dx = \underset{\text{面積}}{S}$$

不定積分

$$\int f(x)dx = \underset{\text{原始函數}}{F(x)}$$

$$F'(x) = f(x)$$

　　本書到此為止的「積分」，指的都是求出面積的意思（定積分），但接下來使用的「積分」，指的將是第2種意義，也就是求出「面積的函數」。

　　當我們對某函數 $f(x)$ 進行（不定）積分，將得到面積的函數 $F(x)$，這個函數 $F(x)$ 就被稱為原始函數。

　　而如果對原始函數 $F(x)$ 進行微分，也就是求出 $F(x)$ 的導函數，得到的將會是最原本的函數 $f(x)$。這個性質意味著，當我們對 $f(x)$ 的導函數 $f'(x)$ 進行積分，就會變回原本的函數 $f(x)$。

　　換句話說，對函數 $f(x)$ 積分，就會變成原始函數 $F(x)$，對原始函數 $F(x)$ 微分，則會變回原本的函數 $f(x)$；而對函數 $f(x)$ 微分，會變成導函數 $f'(x)$，對導函數 $f'(x)$ 積分，則會變回原本的函數 $f(x)$。

　　簡而言之，微分與積分、導函數與原始函數之間，存在次頁般的關連。

$$f'(x) \quad \xrightarrow{\text{積分}} \quad f(x) \quad \xrightarrow{\text{積分}} \quad F(x)$$
$$\xleftarrow{\text{微分}} \qquad \xleftarrow{\text{微分}}$$

導函數　　　　　　　　　　　　　　　　原始函數

　　乘法與除法互為逆運算。也就是說，將某個數乘以2再除以2，就會變回原本的數。

　　同理，積分與微分也互為逆運算。積分是「超級乘法」，微分則是「超級除法」，所以道理相同。換言之，對某個函數積分會得到原始函數。而對這個函數微分，就會恢復成原本的函數。

　　這就是本節開頭介紹的「積分是微分的逆運算」之意義。只要理解這點，就近乎掌握了微積分的整體架構。

　　（注意）　　正如120頁所述，一個函數的原始函數還包含了積分常數C，所以不一定只有1個。對某個函數$f(x)$的原始函數$F(x)$微分，確實會變回原本的$f(x)$，但如果對$f'(x)$積分，嚴格來說得到的不完全是$f(x)$，而是$f(x)+C$，敬請留意。

　　接下來為了幫助各位理解「積分是微分的逆運算」，以及微分與積分之間有著斜率與面積的關係，將介紹幾個具體的例子。

　　如下一頁所示，我們將以函數$y=f(x)=x^2$與其導函數$f'(x)=2x$為例來思考。

　　這個導函數在$x=0$到2之間的面積為4，這個值與原本的函數$f(2)=4$一致。

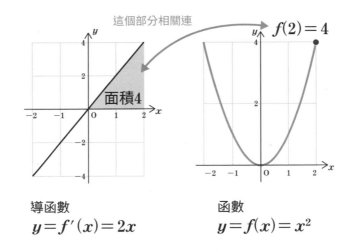

這個部分相關連

$f(2)=4$

面積4

導函數
$y=f'(x)=2x$

函數
$y=f(x)=x^2$

這時就會知道，導函數 $f'(x)$ 在 x 為0到 a 間的面積，會以 $f(a)$ 值呈現。

換句話說，從 $f'(x)$ 的角度看，$f(x)$ 是原始函數，而 $f(x)$ 就成了顯示 $f'(x)$ 面積的函數。

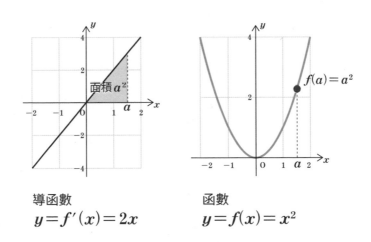

面積 a^2

$f(a)=a^2$

導函數
$y=f'(x)=2x$

函數
$y=f(x)=x^2$

為了更深入理解，再來看另一個簡單的例子。

以 $y=f(x)=2$ 為例。

這個函數的值固定，不會隨著x改變，因此或許看似不像函數，但它也是不折不扣的函數。換句話說，這就是放入任何數字都會輸出2的箱子。

在這種情況下，$f(x)=2$的其中一個原始函數，也就是微分後會得到$f(x)=2$的函數，就是$F(x)=2x+1$這個1次函數。接著就讓我們來探討這些函數之間的關係。

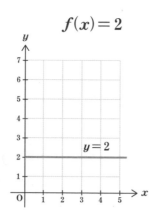

$f(x)=2$

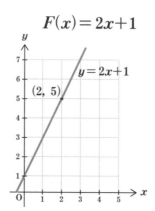

$F(x)=2x+1$

例如，$f(x)$在x為0到2間的面積，就是2×2的四方形面積，其值為4。

這個面積加上原始函數$F(x)=2x+1$在$x=0$的值，也就是$F(0)=1$，結果會是5。這個值與$F(2)=5$相等。

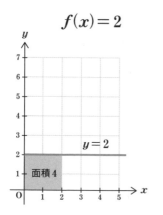

$f(x)=2$

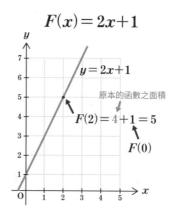

$F(x)=2x+1$

這或許是偶然，所以我們再來看另一個點。這次來看 $f(x)$ 在 x 為0到3之間的面積，其值為6。

這個面積加上原始函數 $F(x) = 2x+1$ 在 $x = 0$ 的值，也就是 $F(0) = 1$，結果會是7。這個值果然也與 $F(3) = 7$ 相等。

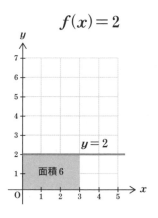

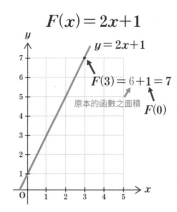

由此可知，函數 $f(x)$ 的面積，顯示的就是原始函數 $F(0)$（原始函數在 $x = 0$ 的值）得到的值會與 $F(a)$（原始函數在 $x=a$ 的值）相等。

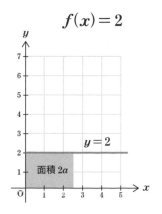

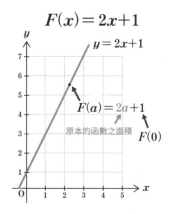

從以上的例子可以知道，函數 $f(x)$ 的面積，顯示的就是原始函數 $F(x)$。

（至於將面積加上 $F(0)$ 的理由，則是因為函數 $f(x)$ 在 x 為0到0之間的面積〔寬度為0〕永遠是0。）

另一方面，原始函數 $F(x)$ 的斜率（永遠為2）與原本的函數值 $f(x)=2$ 相等。

函數 $f(x)$ 與導函數 $f'(x)$ 與原始函數 $F(x)$ 之間，便是透過微分與積分互相關連。

正如同某個函數 $f(x)$ 的導函數 $f'(x)$ 顯示的是 $f(x)$ 的斜率，某個函數 $f(x)$ 的原始函數 $F(x)$，顯示的則是原本的函數 $f(x)$ 之面積。

$$f'(x) \quad\xrightarrow{\text{積分·面積}}\quad f(x) \quad\xrightarrow{\text{積分·面積}}\quad F(x)$$
$$\underset{\text{導函數}}{f'(x)} \quad\xleftarrow{\text{微分·斜率}}\quad f(x) \quad\xleftarrow{\text{微分·斜率}}\quad \underset{\text{原始函數}}{F(x)}$$

4 − 5

微積分的結構

這裡再次整理出到此為止所介紹的重點。

- **微分是用來求斜率**
- **（定）積分是用來求面積**
- **微分是積分的逆運算**
- **導函數是斜率的函數**
- **透過（不定）積分求出的原始函數是面積的函數**

只要能夠理解以上這些內容，就可以說是完全掌握了日本高中程度的微積分結構。

導函數與原始函數，透過微分與積分和原本的函數相關連。而原本的函數的斜率與面積，分別就是導函數與原始函數。

我將這樣的結構繪製成圖。次頁的這張圖可說是日本高中生所學習到的微積分之整體結構圖。有句話說「見樹不見林」，而這張圖就正是微積分的「森林」。

日本高中雖然不會教這些，但在學習計算技巧與微積分的定義之前，請務必將這張圖放進腦海裡。

（注意）　　正如120頁所述，一個函數的原始函數還包含了積分常數 C，所以不一定只有一個。因此當我們思考 $f(x)$ 的原始函數 $F(x)$ 時，與 $f(x)$ 從0起算的面積一致之 $F(x)$，嚴格來說只有1個，並且滿足 $F(0) = 0$，敬請留意這點。

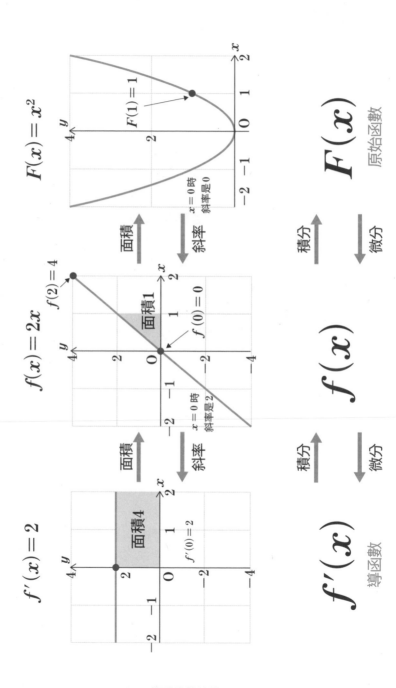

微積分的結構

※因為很重要，所以放大強調

$f'(x)$ 導函數

$f(x)$

$F(x)$ 原始函數

$f'(x) = 2$

$f(x) = 2x$

$F(x) = x^2$

面積4

面積1

$f'(0) = 2$

$f(0) = 0$

$f(2) = 4$

$F(1) = 1$

$x = 0$ 時 斜率是2

$x = 0$ 時 斜率是0

面積 / 斜率

面積 / 斜率

積分 / 微分

積分 / 微分

4 – 6 　微積分使用的符號

　　我想各位讀到這裡，都已經理解了微積分的基本結構。接下來將說明在數學的領域是如何描述微積分，以及使用的符號與術語。

　　先說微分。微分就是求出斜率的過程。當想求出某函數 $y = f(x)$ 的導函數，也就是求其斜率的函數時，就會說對函數 $y = f(x)$ 進行微分。

　　這時 $y = f(x)$ 的導函數有許多種表現方式，譬如 y' 或 $f'(x)$ 等使用小點的表現方式，或是像 $\dfrac{dy}{dx}$ 或 $\dfrac{d}{dx}f(x)$ 這樣，使用 dy 與 dx 的表現方式。

　　不過，這些表現方式的意義全都相同，請不要被混淆了。

　　此外，$\dfrac{dy}{dx}$ 的表現方式採用分數的形式，如果 d 只是單純的文字，將因為約分而消失。不過，這裡的 d 不是文字，而是表示微分的符號。

　　d 帶有「微小」的意涵。$\dfrac{y}{x}$ 是 y 除以 x 的單純計算，但加上 d 就變成微小的 y 除以微小的 x，換句話說就是微分的意思。

　　但這並不改變其除法的本質。也可一窺微分是「超級除法」的端倪。

　　此外，一個函數也能夠微分2次以上。換句話說，也可考慮導函數 $f'(x)$ 的斜率函數。這樣的函數稱為2階導函數。

　　這樣的函數也能以 $f''(x)$ 的形式表現。

　　次頁表整理微分的表現方式。雖然有各種表現方式與名稱，看起來有點複雜，但所有表現方式的意義都相同，請不要被眼睛看到的文字混淆了。

	y'的表現方式	$f'(x)$的 表現方式	dy/dx的 表現方式	$d/dx\,f(x)$的 表現方式
1 階導函數 （第 1 次微分）	y'	$f'(x)$	$\dfrac{dy}{dx}$	$\dfrac{d}{dx}f(x)$
2 階導函數 （第 2 次微分）	y''	$f''(x)$	$\dfrac{d^2y}{dx^2}$	$\dfrac{d^2}{dx^2}f(x)$
n 階導函數 （第 n 微分）	$y^{(n)}$	$f^{(n)}(x)$	$\dfrac{d^ny}{dx^n}$	$\dfrac{d^n}{dx^n}f(x)$

接著是積分。積分有2種，分別是定積分與不定積分。定積分的作用是計算面積，不定積分則是用來求原始函數（表示原本函數的面積之函數）。

首先從定積分的表現方式開始說明。

假設有一個函數 $y=f(x)$，並如下圖所示，對x從a到b的區間進行積分以求出面積，其計算可表現如下。

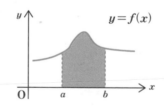

$\int$ 的符號代表Summation的字首S，就是加總的意思。而 $f(x)dx$ 則是函數 $f(x)$ 乘以 dx。這裡的 d 就和微分的 d 一樣，都表示「微小」。

換句話說，積分的本質就是將函數 $f(x)$ 與 dx（表示微小的 x）「相乘」。由此也可看出積分就是「超級乘法」。

舉例來說，假設我們想要求出函數 $y = x+1$ 在 x 為 1 到 3 這個區間的面積，也就是求出其定積分，則可表現如下。而這個積分的答案是 6，也就是這個部分的面積。

$$\int_{1}^{3}(x+1)dx = 6$$

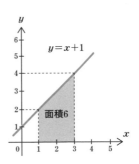

接下來是不定積分。求出某個函數 $f(x)$ 的不定積分，相當於求出其原始函數。換句話說，就是求出微分會變成 $f(x)$ 的函數，也就是滿足 $\dfrac{d}{dx}F(x) = f(x)$ 這個條件的函數 $F(x)$。

不定積分的表現方式如下。

$$F(x) = \int f(x)dx$$

意義 ➡ $F(x)$ 是函數 $f(x)$ 的原始函數

其表現方式只差在沒有定積分的積分區間。雖然表現方式類似，但定積分代表的是面積的「值」；不定積分代表的則是原始函數的這個「函數」。意義人不相同，必須區分清楚。

舉例來說，$y = x$ 這個函數的不定積分表現如次頁。

$$\int x \, dx \;=\; \frac{1}{2}x^2 + C$$

積分常數（任意常數）

這裡出現了積分常數C，在此針對這個常數進行說明。

將某個函數$f(x)$微分之後所得到的導函數只有1個。但微分之後會變成$f(x)$的函數，也就是原始函數卻不一定只有1個。

在這個例子當中，$\frac{1}{2}x^2$微分之後確實會得到x，但$\frac{1}{2}x^2+1$微分之後也同樣會得到x。

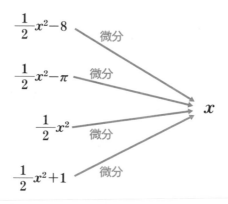

也就是說，由於常數微分後會變成0，因此加上常數後導函數也不會改變。因此，$\frac{1}{2}x^2$加上常數項的函數，其導函數全部都是x。換言之，微分後會得到x的原始函數不一定只有一個。

所以不定積分需要使用積分常數C來表現。

積分常數有時也會被稱為「任意常數」，但視為同一種東西即可。

4 - 7　微積分的計算方式

接下來將再次說明微分的計算。我們在微分的小節中曾經介紹過,指數函數 x^n 的導函數就是 nx^{n-1} (p.106)。至於常數函數 $f(x)=c$ 的斜率為零,所以 $f'(x)=0$。

此外,線性也是一項重要的性質。這意味著,如果對由多項函數相加所構成的函數進行微分,得到的結果也會是各項函數的導函數的和。

舉例來說,假設函數 $f(x)=x^2$ 的導函數是 $f'(x)=2x$,函數 $g(x)=x$ 的導函數是 $g'(x)=1$,那麼由 $f(x)+g(x)$ 相加而成的 x^2+x 導函數就會是 $f'(x)+g'(x)$,也就是 $2x+1$。但乘法的規則就不一樣了。 $f(x)\times g(x)$ 的導函數不會是各項導函數的積 $f'(x)\times g'(x)$,敬請留意這點。詳細內容請參閱第7章。

以下介紹一個例子。規則本身很簡單,如果說明得夠清楚,甚至連國小學生都會算吧?

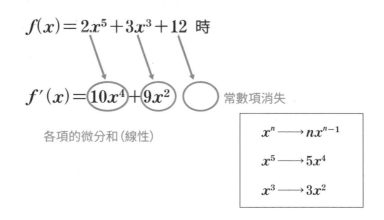

$$f(x)=2x^5+3x^3+12 \text{ 時}$$

$$f'(x)=\boxed{10x^4}+\boxed{9x^2}+\bigcirc \quad \text{常數項消失}$$

各項的微分和(線性)

$$x^n \longrightarrow nx^{n-1}$$
$$x^5 \longrightarrow 5x^4$$
$$x^3 \longrightarrow 3x^2$$

至於三角函數與指數函數等更困難的函數,其微分方式請參閱第7章。

接下來是積分的計算。如同上一節的說明，原始函數是積分後會變成該函數的函數，而求出原始函數的方法就是不定積分。x^n 的原始函數是 $\frac{1}{n+1}x^{n+1}+C$，而 C 就是在積分的部分說明過的積分常數。

$$\int x^n\,dx = \frac{1}{n+1}x^{n+1}+C \quad (C是積分常數)$$

接下來是求出面積的定積分。定積分使用原始函數計算。舉例來說，假設 $f(x)$ 的原始函數是 $F(x)$，如果要計算從 a 到 b 的積分，結果就會是 $F(b)-F(a)$。原始函數是 $f(x)$ 的面積函數，因此能夠以這樣的步驟計算。

將上述的計算寫成公式如下方。想要求出的終究是面積，請將這點記在腦海裡。

$$\int_a^b f(x)\,dx = [F(x)]_a^b = F(b)-F(a)$$

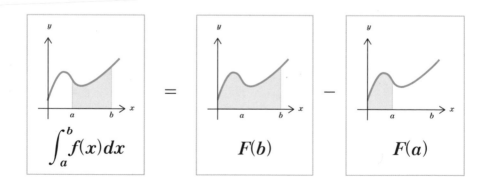

為了讓各位習慣，我們來看下列例子。

微積分計算方法的定積分例題

對函數 x^2 在1到3之間進行積分

→ 求函數 $y = x^2$ 在 $x = 1 \sim 3$ 之間的面積

$$\int_{1}^{3} x^2\, dx = \left[\frac{1}{3} x^3\right]_{1}^{3}$$
$$= \frac{1}{3} \times 3^3 - \frac{1}{3} \times 1^3$$
$$= \frac{26}{3}$$

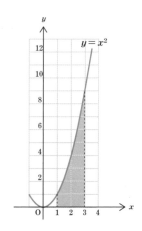

附帶一提，在不定積分中會出現積分常數C，但定積分就不需要考慮積分常數。因為我們計算的是$F(b) - F(a)$，因此即使出現常數項C，也會因為$(F(b)+C) - (F(a)+C)$而消失。因此可簡單地以$C = 0$計算。

定積分是用來求面積的計算，如下圖所示，當被積分的函數為負時，定積分的值也會是負的，敬請留意。因為積分也是將$f(x)$與微小的x相乘並相加起來，所以如果$f(x)$是負的，定積分的結果也會變成負的。

$$\int_{a}^{b} f(x)\, dx = A$$

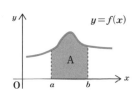

$$\int_{a}^{b} \{-f(x)\}\, dx = -A$$

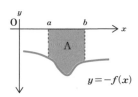

最後是關於積分區間的注意事項。舉例來說，從a到b的積分與從b到a的積分，積分值的符號會反轉。

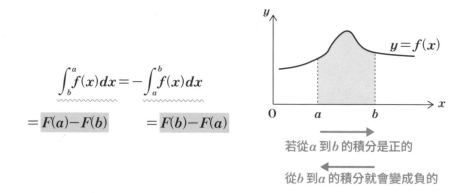

$$\int_b^a f(x)dx = -\int_a^b f(x)dx$$

$$= F(a) - F(b) \qquad = F(b) - F(a)$$

若從a到b的積分是正的

從b到a的積分就會變成負的

我想只要理解這樣程度的規則，就連定積分都能夠計算。學習的時候，往往會專注於遵循規則計算，但在計算的時候，請務必要有定積分是求面積的概念。

即使都是進行相同的計算，演算時是否了解其中的意義，依然會大幅影響理解的程度。

4 - 8　　歐拉常數為何如此重要？

各位有聽過歐拉常數（Euler's number）嗎？

這個數字就和圓周率π一樣，在數學中具有非常重要的意義。

歐拉常數是無理數，因此也和π一樣，當用小數表示時，會無窮無盡地持續下去。

$$e = 2.71828182845904523536\cdots\cdots$$

話說回來，圓周率π是圓的直徑與圓周的比，因此可以理解圓周率在數學中的重要性。

那麼歐拉常數e的重要性呢？

它的重要性就在於歐拉常數的指數函數（關於指數函數的詳細說明請參閱第7章）。

$f(x) = e^x$這個函數具有一項重要性質，那就是將這個函數微分會得到$f'(x) = e^x$。換句話說，即使微分，所得到的結果依然是相同的函數。所以其原始函數也是e^x（省略積分常數C）。

換言之，正如次頁的圖形所示，原始函數與導函數相同，$f(x)$的值與斜率相等。

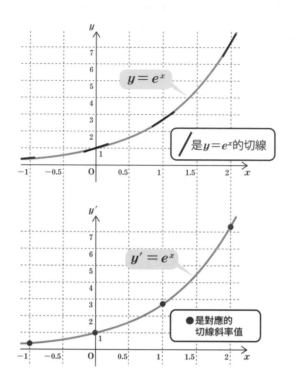

　　歐拉常數具備這樣的性質，因此在解微分方程式時，e會頻繁出現。所以e是個重要的值。只有在學習微分之後，才能真正理解歐拉常數的重要性。

　　附帶一提，當在函數計算機或是表格計算軟體之中，能夠使用exp（exponential的字首）這個函數來計算e^x。由於在科學技術計算非常頻繁地出現，因此為其設定了專用的按鍵與函數。

　　　　4-8　歐拉常數為何如此重要？

CALCULUS

借助無限的力量
讓微積分更完美

Chapter

5

透過前面4章的介紹，各位是否都已經理解
「微積分是什麼」以及「如何計算微積分」
了呢？如果各位的目的是微積分之應用，那
麼到此為止的知識便已足夠。

本章準備說明「極限」的概念，這個概念奠
定了微積分這門學問的基礎。說明將從133
頁開始，但一言以蔽之，「極限」的概念就
是「當變數無窮盡地接近某個數字時，函數
值將會接近什麼」。使用「極限」的概念，
將使微積分成為一門更加完美的學問。

不過，為了理解這項概念，必須學習在數學
中處理「無限」的方式。事實上，我認為在
日本高中教的微積分之所以讓人感到困難，
就是因為在入門時難以理解「極限」與「無
限」的概念。

但是請放心。如果能夠理解前面4章中的概
念，只要依序學習，就必定也能理解極限的
概念。

5 - 1

圓面積公式真的正確嗎？

我想各位在國小的時候，就已經學過圓的面積公式了。事實上，積分與無限的概念也隱藏於其中。

圓的面積是半徑×半徑×圓周率。以數學方式表達就是「πr^2」。

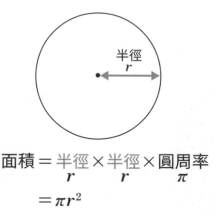

$$面積 = \underset{r}{半徑} \times \underset{r}{半徑} \times \underset{\pi}{圓周率}$$
$$= \pi r^2$$

附帶一提，各位都知道圓周率是什麼東西嗎？當我提出這個問題時，最常聽到的答案是「3.14」。然而，這只是一個單純的數字，並不是圓周率真正的意義。

如果沒能確實去理解圓周率，就無法進行接下來的討論了，因此保險起見先在這裡解釋一下。

圓周率是直徑與圓周的比。簡而言之，假設有像接下來這樣的圓，圓周的長度會是直徑長度的幾倍呢？這個問題求出的比例就是圓周率。而其數值大約是3.14。

圓周率是什麼？

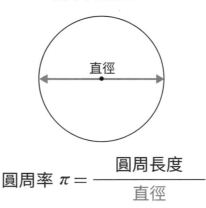

$$圓周率\ \pi = \frac{圓周長度}{直徑}$$

換句話說，如果有直徑1m的圓，其圓周長度大約是3.14m。如果寫成公式，由於直徑是半徑的2倍，如果圓的半徑是r，其直徑就是$2r$。而假設圓周率是π，使用半徑來計算圓周率就是$2\pi r$。

<u>圓周率是直徑與圓周的比</u>，請將這點牢記於心。

再回到圓面積的話題。

各位都已經在前面學過積分的內容了，應該都清楚積分的計算就等於是「求出面積」吧？那麼，各位還記得國小的數學課時，學過的圓面積為πr^2的理由嗎？

思考這個問題的方式如下，將圓分割成扇形排成一列。當分割數比較少時，就會是個不知所云的奇怪圖形；但如果分割數變得愈來愈多，形狀也會逐漸改變。

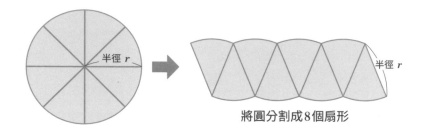

將圓分割成8個扇形

　　舉例來說，如果分割數多到如下圖所示，就會得到接近長方形的形狀。至於計算圓面積的方法，就是像這樣將圓形重新分割排列成像長方形的形狀，並求出其面積。

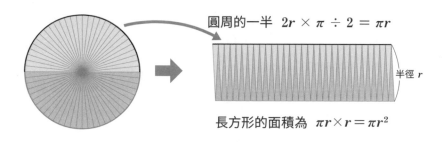

圓周的一半　$2r \times \pi \div 2 = \pi r$

半徑 r

長方形的面積為　$\pi r \times r = \pi r^2$

　　這時如上圖所示，垂直部分的長度就是半徑，而水平部分的長度則可視為圓周的一半。

　　圓周是直徑乘以圓周率，而直徑是半徑的2倍，所以水平的長度是 $2\pi r \times \dfrac{1}{2}$ 也就是πr。所以這個長方形的面積就是πr^2。

　　國小的數學教科書或參考書可能會像上述這樣解釋，但各位可以接受嗎？如果仔細思考，就會發現有些地方確實不太合理。

　　分割數增加確實會讓這個形狀「大致」看起來像是長方形。但圓周並不是直線，無論分割得多細，都永遠不可能變成一條直線。

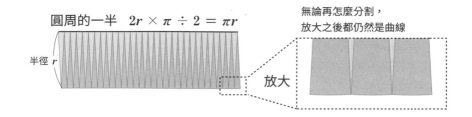

圓周的一半　$2r \times \pi \div 2 = \pi r$

半徑 r

無論再怎麼分割，
放大之後都仍然是曲線

放大

　　實際上，處理的數字即使多少含有一點誤差也無所謂，所以應該沒問題。但圓的面積嚴格來說不完全等於πr^2，這點讓人介意。這是否意味著教科書中出現的圓公式其實並不嚴謹呢？

　　就結論而言，教科書是正確的。圓面積嚴格來說就是πr^2，完全沒有誤差。這到底是怎麼一回事呢？

　　這個問題在數學的世界中，是被這樣處理的。
　　我們無法精確求出分割成扇形的圖形面積，但至少可以確定其面積應該介於以下2個平行四邊形之間。換句話說，其面積比平行四邊形A大、比平行四邊形B小。

圓周內側的平行四邊形 A

圓周外側的平行四邊形 B

B的面積S_B比A的面積S_A大
真正的面積S應該介於兩者之間

$$S_A < S < S_B$$

不過，無論分割數是1萬個、1億個還是1兆個，A與B都不會變成πr^2。但A的面積會隨著分割數變多而變大，B則會隨著分割數變多而變小。

而隨著分割數愈來愈多，A與B就會愈趨近相同的數字，這麼一想，自然會認為圓的面積就等於這個數字吧？而這個會愈來愈趨近的數字就是圓的面積πr^2。

也就是說，如果分割數有限，面積並不會精確地等於πr^2；但如果分割數趨近於無限，那麼面積就可視為πr^2。

這種「隨著某個數量增大將趨近於某一數字」，或是「當分割數趨近於無限時」的思維，就是出現於數學微積分中，極限與無限的基本概念。

就數學這門學科的觀點來看，微積分的學習讓我們首次接觸到「無限」這個全新概念。這就和在日本國小高年級登場的「分數」，以及上國中後開始接觸的「負數」一樣，帶來相當大的衝擊。

實際上，日本高中程度的微積分還不需要認真面對無限的問題。如同本書的介紹這樣，停留在「模模糊糊的概念」也無所謂。

但對於那些將來準備在大學進一步學習數學的人而言，如何處理「無限」將成為重要的主題。如果讀者中有人想要更加深入鑽研數學，請試著深入學習如何處理無限的概念。眼前將會出現讓人感受到「這就是數學」的深奧世界。

5－2

思考極限的理由

　　我想各位都能感受到無限是探討微分與積分的必要背景，而為了處理無限的概念，必須思考「極限」的概念。所謂的極限就是「無窮盡地趨近於○○」。現在各位或許還是一頭霧水，但是請放心，只要讀完本章，就能有個大致的概念了。

　　在此想要具體說明在數學的世界中，是如何處理極限與無限的概念。

　　首先，數學使用lim的符號來處理無限。
　　舉例來說，在函數 $y = 2x$ 中，當 x 無窮盡地趨近於2時，y 會趨近於多少？這個問題可以透過下列的公式表示。

$$\lim_{x \to 2} 2x = 4$$

無論 x 從右接近2，
還是從左接近2，
$2x$ 都趨近於 4

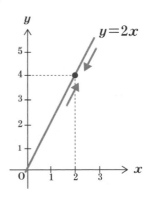

　　其結果很簡單，就是將 $x＝2$ 代入 $2x$，其數值會趨近於4。
　　這時的重點如上圖所示，無論 x 從大的方向接近2，還是從小的方向接近2，結果都會趨近於4。

　　各位或許會覺得「這不是理所當然的嗎？」但也有例子顯示，這並非理

所當然。

　　舉例來說，我們曾在第3章介紹購買肉品的例子。肉品的原價是100g售價300元，但購買400g的價格卻不是300元×4＝1200元，因為購買400g時享有折扣，所以是1000元。

　　將公克數與價格的關係設成一個函數，來計算肉品重量接近400g時的極限值吧。

　　這時從左邊（輕的一方）接近400克，價格會趨近1200元；從右邊（重的一方）接近400克，價格會趨近1000元。

　　在這種情況下，由於從左邊接近和從右邊接近所趨近的數值不同，因此極限值並不存在。

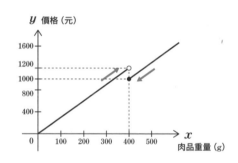

$$\lim_{x \to 400} y = ?$$

　　由於也存在著這樣的情況，因此函數$f(x)$在x接近2時，$f(x)$可以說未必趨近於$f(2)$這個固定數值。

　　但實際上這是個特殊案例，多數情況下極限還是會趨近於其函數值。但數學就是著眼於少數例外的學問，因此像這樣的特殊例外會頻繁地出現。

　　前面稍微離題了一下，讓我們再次回到極限與無限的話題。接著就讓我們來思考如何使用極限表現無限。

　　世界上不存在「無限」的數字。因此在數學這門學問中，無法以一般狀況處理此概念。然而卻能透過極限來討論「接近無限時會發生什麼事？」

以下圖為例，函數 $\frac{1}{x}$ 在 x 接近無限大時會發生什麼事呢？如圖所示，當 x 接近無限大時，$\frac{1}{x}$ 將會趨近於 0。<u>然而實際上，無論 x 增加到多大，$\frac{1}{x}$ 永遠都不會等於 0，但在「逐漸接近」的脈絡下就會變成 0。</u>

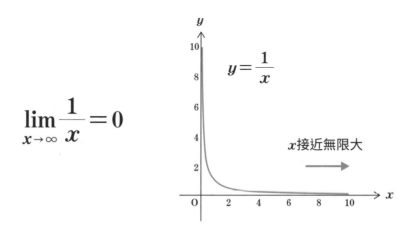

$$\lim_{x \to \infty} \frac{1}{x} = 0$$

所以在函數 $\frac{1}{x}$ 當中，當 x 無限大時的極限就是 0。附帶一提，在數學中以 ∞ 這個符號表示無限大。

這個 ∞ 的符號也可使用於負無限大，這時以 $-\infty$ 表示。

換句話說，以剛才的函數 $\frac{1}{x}$ 為例，我們可以考慮 x 趨近於正無限大的情況，亦可以考慮 x 趨近於無限小的情況。後者的情況則是指將 x 代入 -1、-100、-1000……等愈來愈小的數值。

從次頁的圖也能看出，後者的情況從負的　方趨近於 0，所以 $-\infty$ 的極限值也是 0。

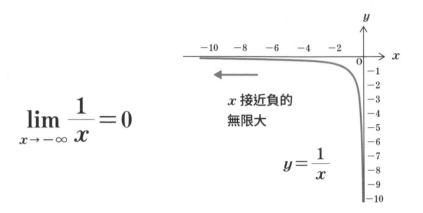

$$\lim_{x \to -\infty} \frac{1}{x} = 0$$

x 接近負的
無限大

$y = \frac{1}{x}$

此外，討論極限時還有一項重點，那就是極限能夠迴避「分母為0」的問題。

舉例來說，請觀察下列2個函數。這2個函數有什麼差別呢？

$$f(x) = x \qquad g(x) = \frac{x^2}{x} \ {\scriptsize（約分後就是單純的 \boldsymbol{x}？）}$$

在 $\frac{x^2}{x}$ 約分之後也會變成x，各位或許會誤以為兩者指的是完全相同的概念吧。

但這2者之間有一項重大差異，這項差異發生在 $x = 0$ 的時候。數學中有一項鐵則，那就是絕對不能除以0，換言之分母不能是0。

因此當我們畫出函數 $\frac{x^2}{x}$ 的圖形時，如下一張圖所示，圖形會在 $x = 0$ 的位置斷開（以白圈表示這個值沒有定義）。

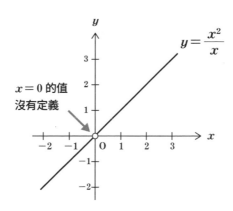

但這時也無窮盡地趨近於0，換句話說極限是允許存在的。而當$\dfrac{x^2}{x}$接近0時，其函數值可以說趨近於0。

$$\lim_{x \to 0} \frac{x^2}{x} = 0$$

利用極限來避開分母為0的問題，在微積分當中是經常使用的技巧。請確實記住這項概念。

5-3 利用極限思考微分

接著利用極限來思考微分。

舉例來說,假設有一輛移動中的車,這輛車在某個時間點x時的位置y(km)的函數是$y = f(x)$。這與第2章說明的例子相同。

來思考如何求出其斜率,也就是速度。附帶一提,用數學的話來說,這個斜率稱為導數。

首先來思考一個簡單的例子,假設速度保持一定,譬如$y = 30x$時所呈現的直線。

如果還有牢記著第3章的說明,或許只要看到這條方程式,就能知道時速是30km。但在這邊還是請大家試著確實計算看看。

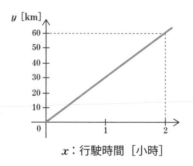

x:行駛時間〔小時〕

$$\text{速度為 } \frac{y\,(\text{km})}{x\,(\text{小時})} = \frac{60\text{ km}}{2\text{小時}} = 30\text{ km/小時}$$

如同這裡所顯示的,x在從0到2的區間,也就是經過2個小時的情況下,汽車移動了60km。而速度等於(移動距離)÷(時間),因此時速就是30km。

用數學的語言來說,就是$y = 30x$的導數是30。

這個例子很簡單，但車速通常不會是固定的，而是會隨著時間改變，所以圖表理應如下。這時的斜率（速度）該如何才能求出呢？

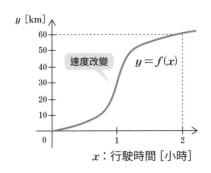

遇到這個問題時可以這樣思考。舉例來說，我們試著求出1小時之後的斜率（速度）。

首先假設 $x=1$ 到 2（時間）的斜率（速度）是固定的，再依此求出速度。換句話說，求的是這段時間內的平均速度。

得到的結果就會如下圖所示，斜率（速度）是30km/小時。但這個結果與 $x=1$ 的實際速度相差甚遠。

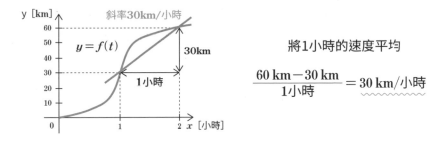

將1小時的速度平均

$$\frac{60\ km - 30\ km}{1\text{小時}} = 30\ km/\text{小時}$$

所以我們試著將時間間隔縮短。接下來假設 $x=1$ 到 1.5（時間）的斜率（速度）是固定的，並以同樣的方式求出斜率（速度）為50km/小時。雖然比剛才更接近想要求出的速度，但依然相差甚遠。

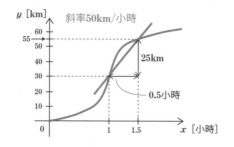

斜率50km/小時

將0.5小時的速度平均

$$\frac{55\,km - 30\,km}{0.5\,小時} = \underset{\sim\sim\sim\sim\sim\sim}{50\,km/小時}$$

所以只好再試著將時間間隔縮短。這次假設$x=1$到1.25（時間）的斜率（速度）是固定的，並以同樣的方式求出斜率（速度）為80km/小時。

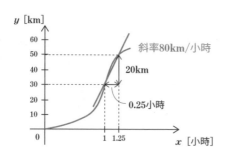

斜率80km/小時

將0.25小時的速度平均

$$\frac{55\,km - 30\,km}{0.5\,小時} = \underset{\sim\sim\sim\sim\sim\sim}{80\,km/小時}$$

如果將時間間隔縮到如此之短，就非常接近原本的斜率了。不過，雖然接近但仍有些差距在，而為了彌補這個差距，就必須用到先前說明的無限與極限的概念。

換句話說，將時間間隔縮到0.1小時、0.01小時……愈縮愈短，當縮到極限時，就可視為是$x=1$時的斜率（速度）。

倘若使用lim，以數學的方式表現這點，就會像接下來的圖這樣。這裡的h表示時間間隔。當h趨近於0的極限就是速度，換句話說就是函數$f(x)$在$x=1$時的導數$f'(1)$。

5-3　利用極限思考微分

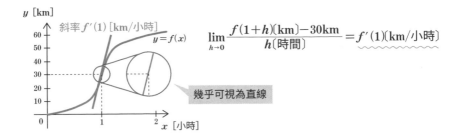

$$\lim_{h \to 0} \frac{f(1+h)(\mathrm{km}) - 30\mathrm{km}}{h(\text{時間})} = f'(1)(\mathrm{km}/\text{小時})$$

幾乎可視為直線

　　像這樣使用極限，就能在數學上定義微分。一般而言函數$f(x)$在$x = a$時的導數表現如下。

　　各位理解這個公式的意義嗎？以前面介紹的汽車的例子來看，a就是代表1小時後的1，h則是時間間隔。當時間間隔從1、0.5、0.25……等愈縮愈小，一直到極限時，就會是1小時後的速度。此公式也表達了相同的概念。

$$f'(a) = \lim_{h \to 0} \frac{f(a+h) - f(a)}{h}$$

假設我們試著求出$f(x) = x^2$這個2次函數在$x = 1$時的導數。

$$
\begin{aligned}
f'(1) &= \lim_{h \to 0} \frac{f(1+h) - f(1)}{h} \\
&= \lim_{h \to 0} \frac{(1+h)^2 - 1}{h} \\
&= \lim_{h \to 0} \frac{h^2 + 2h}{h} \\
&= \lim_{h \to 0} (h + 2) \\
&= 2
\end{aligned}
$$

接下來是求出導函數的方法。導函數正如同第4章的說明，是賦予某個函數 $f(x)$ 斜率的函數 $f'(x)$。

使用極限呈現導函數的結果如下。

$$f'(x) = \lim_{h \to 0} \frac{f(x+h) - f(x)}{h}$$

試著實際求出 $f(x) = x^2$ 的導函數。

$$
\begin{aligned}
f'(x) &= \lim_{h \to 0} \frac{f(x+h) - f(x)}{h} \\
&= \lim_{h \to 0} \frac{(x+h)^2 - x^2}{h} \\
&= \lim_{h \to 0} \frac{h^2 + 2xh}{h} \\
&= \lim_{h \to 0} (h + 2x) \\
&= 2x
\end{aligned}
$$

由此可知 $f(x) = x^2$ 的導函數是 $2x$。這個計算也可導出第4章所說明的導函數公式 $f(x) = x^n$ 時，$f'(x) = nx^{n-1}$。

重點 $f'(x) = nx^{n-1}$ 對於自然數以外的 n 也成立

這裡所介紹的，將 $f(x) = x^n$ 微分，就會得到 $f'(x) = nx^{n-1}$ 的公式，其實在 n 為自然數之外時也會成立。

之後在第7章的指數部分也會說明，指數不只是自然數，也能擴張到所有實數。舉例來說，x^{-1} 表示 $\frac{1}{x}$、$x^{\frac{1}{2}}$ 表示 $\sqrt{x}$。

只要利用這個原則，就連分數函數與平方根函數的導函數都能輕易計算出來。

比方以下這些式子所示。透過這些例子，想必就能理解這個公式的適用範圍有多廣。

$$f(x) = \frac{1}{x} \quad \longrightarrow \quad f'(x) = -\frac{1}{x^2}$$

$$f(x) = x^{-1} \quad \longrightarrow \quad f'(x) = -x^{-2} = -\frac{1}{x^2}$$

$$f(x) = \sqrt{x} \quad \longrightarrow \quad f'(x) = \frac{1}{2\sqrt{x}}$$

$$f(x) = x^{\frac{1}{2}} \quad \longrightarrow \quad f'(x) = \frac{1}{2}x^{-\frac{1}{2}} = \frac{1}{2\sqrt{x}}$$

$$f(x) = \frac{2}{x\sqrt{x}} \quad \longrightarrow \quad f'(x) = -\frac{3}{x^2\sqrt{x}}$$

$$f(x) = 2x^{-\frac{3}{2}} \quad \longrightarrow \quad f'(x) = -3x^{-\frac{5}{2}} = -\frac{3}{x^2\sqrt{x}}$$

5-4 利用極限思考積分

接下來將利用極限以數學的方式定義積分。

積分就是求出面積。舉例來說,假設有個函數 $y = f(x)$,而我們要求出這個函數在圖形中的部分面積。

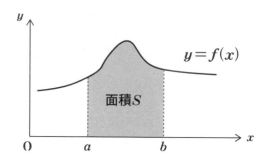

積分的概念也不困難。首先為了求出面積,將圖形分割成5個寬度相同的長方形,而長方形的和就是面積。如下所示。

面積 $\doteqdot f(x_0)\,\triangle x + f(x_1)\,\triangle x + f(x_2)\,\triangle x + f(x_3)\,\triangle x + f(x_4)\,\triangle x$

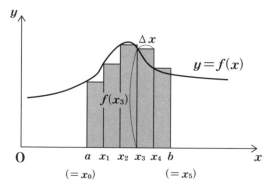

※$\triangle x$是在a與b之間沿著x方向分割成5等分的寬度

但從圖中可以看出，這些長方形的和與欲求出的面積之間存在著誤差。

所以我們就考慮增加分割數的情況。這次試著將分割數從5等分增加到10等分。結果就如下圖所示。

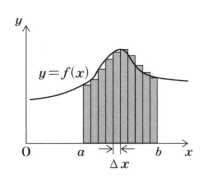

從圖中可以看出，面積比分割成5等分時更接近想要求出的值。但可惜的是誤差依然存在。如果想要減少誤差，該怎麼做呢？

沒錯，這時也需要借助無限的力量。只要計算分割數多到無限時的極限值（同時Δx趨近於0），就能求出真正的面積。

將這個過程寫成數學公式的結果如下。附帶一提，如果不清楚$\sum$符號的意義，請參閱本章最後的重點（p.149）。

長方形的高

和的意義　　　　　　　　　　長方形的寬
　　　　　　　　　　　　　　　　$n \to \infty$所以趨近於0

$$S(\text{面積}) = \int_a^b f(x)dx = \lim_{n \to \infty} \sum_{k=0}^{n-1} f(x_k) \, \Delta x$$

而求出面積的積分（定積分）就如同第4章的說明，進行的是求出代表面積的原始函數之計算。

$$\int_a^b f(x)dx = \left[F(x)\right]_a^b = F(b) - F(a)$$

$$\underbrace{\qquad}_{\displaystyle \int_a^b f(x)dx} = \underbrace{\qquad}_{\displaystyle F(b)} - \underbrace{\qquad}_{\displaystyle F(a)}$$

上圖的 $F(x)$ 是 $f(x)$ 的原始函數。

　　微分與積分的關係就像乘法與除法一樣，互為逆運算。所以為了求出某個函數 $f(x)$ 的原始函數 $F(x)$，必須找出微分之後是 $f(x)$ 的函數。

　　這時讓人感到疑惑的是「原始函數真的是表示面積的函數嗎？」所以先將面積函數設為 $S(x)$，確認對其微分後是否真的會變成原本的函數 $f(x)$。如果能夠證實這點，即可得知原始函數 $F(x)$ 確實就是面積的函數。

　　如下圖所示，我們試著思考函數 $f(t)$ 在 $t = a$ 到 x 的面積 $S(x)$。

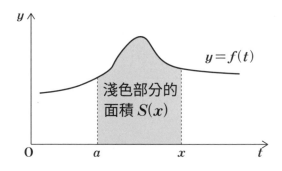

這時試著考慮對面積函數$S(x)$進行微分。

根據前面章節登場的微分的定義，$S(x)$的導函數$S'(x)$能夠以下列方式表示。

$$\lim_{h \to 0} \frac{S(x+h)-S(x)}{h} = S'(x)$$

這裡的$S(x+h)$是a到$x+h$的面積，而$S(x)$是a到x的面積。所以$S(x+h)-S(x)$如圖所示，是寬h，長$f(x)$的長方形。

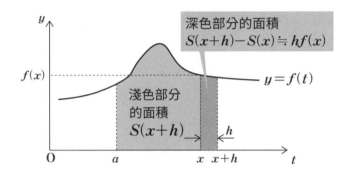

嚴格來說，$f(t)$的值在x到$x+h$之間也發生了變化，因此增加的部分與這個長方形的面積不同。但各位都知道現在可以使用極限來解決這個問題了吧？換句話說，在h趨近於0的極限下，$S(x+h)-S(x)$可表示為$f(x) \times h$。

使用$S(x+h)-S(x)=hf(x)$就會發現如次頁的公式所示，$S'(x)$就是$f(x)$。由此證實了對面積進行微分可以得到$f(x)$。從這個結果可以反推，$f(x)$的原始函數$F(x)$就是面積函數。

$$S'(x) = \lim_{h \to 0} \frac{\overparen{S(x+h) - S(x)}}{h}$$

$$= \lim_{h \to 0} \frac{\overparen{hf(x)}}{h}$$

$$= f(x)$$

　　微分與積分互為逆運算的關係是微積分的重要性質，稱為「微積分的基本定理」。

　　將這個定理寫成數學公式的結果如下。這個公式所表達的意義是，將 $f(x)$ 積分後再微分，就會恢復原狀。

$$\frac{d}{dx} \int_a^x f(t)dt = f(x) \qquad （a是常數）$$

　　這個公式可以透過先前將面積微分的討論來證明。換句話說，將 $f(x)$ 的面積以 x 進行微分，就會變回原本的 $f(x)$。

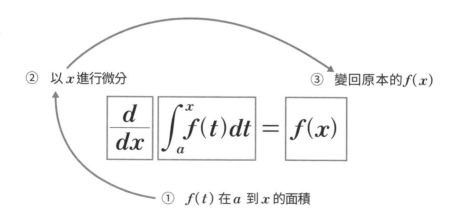

② 以 x 進行微分　　　　　　　　　　　　③ 變回原本的 $f(x)$

$$\frac{d}{dx} \boxed{\int_a^x f(t)dt} = \boxed{f(x)}$$

① $f(t)$ 在 a 到 x 的面積

透過以上的討論，可以證實面積（定積分）如下列公式所示，能夠使用原始函數來表現。

$$\int_{a}^{b} f(x)dx = [F(x)]_{a}^{b} = F(b) - F(a)$$

重點 **∑符號的使用方法**

這裡出現了∑這個符號。對於不擅長數學的人而言，∑或許會讓他們感到手足無措。

但只要了解它的意義，就會發現∑並沒有那麼困難。在此就好好地熟悉一下吧！

∑具有加總的意思。以1、2、3、4……的數列為例，假設$a_1=1$、$a_2=2$、$a_3=3$、$a_4=4$、……$a_n=n$，而$\sum a_n$就是$a_1+a_2+a_3+\cdots\cdots$，換句話說，就是將1、2、3、4……的數列加總起來。

至於下面的「$k=1$」指的是變數為k，以及加總的下限值。至於上面的數字則表示加總的上限值。

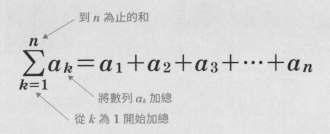

到 n 為止的和

$$\sum_{k=1}^{n} a_k = a_1 + a_2 + a_3 + \cdots + a_n$$

將數列 a_k 加總

從 k 為 1 開始加總

以次頁的例子來看，∑的後面是k，代表數列為1、2、3、4……。所以它所代表的意義是從1到3加總起來的數值，換句話說答案是6。

$$\sum_{k=1}^{3} k = 1+2+3 = 6$$

　　加入具體的數字之後就很好理解，然而一旦變成文字，有些人就會暈頭轉向。但實際上如下所示，經常可以看到上限為 n 的情況。這表示的是到 n 為止的和。

　　譬如下面的例子，顯示的就是 1 到 n 的自然數和。這個值是 $\dfrac{n(n+1)}{2}$。

$$\sum_{k=1}^{n} k = 1+2+3+\cdots+n = \frac{n(n+1)}{2}$$

　　而本章所介紹的，是將面積分割成長方形時的和，若以 ∑ 表現，則會像是下列的例子所示這般。將 $y=f(x)$ 的函數分割成 5 個正方形時的面積和則如下。

$$\sum_{k=0}^{5-1} f\left(a+k\frac{b-a}{5}\right)\frac{b-a}{5}$$

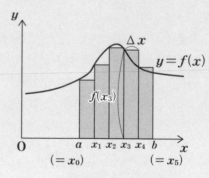

$$x_k = a+k\triangle x \begin{cases} x_0 = a \\ x_1 = a+\triangle x \\ x_2 = a+2\triangle x \\ x_3 = a+3\triangle x \\ x_4 = a+4\triangle x \end{cases}$$

※ $\triangle x$ 沿著 x 方向分割成 5 等分的寬度

微分方程式
能夠預測未來

我想各位透過第4、5章的介紹，都已經理
解微積分的數學結構。而本章將針對「微積
分存在的目的是為了預測未來」這部分加以
詳細說明，而這也正是本書想要傳遞的訊息
之一。換句話說，本章將準備跟各位介紹微
分方程式。

第3章已經大致說明過，微分方程式是建立
公式的方程式，以及運用微分方程式能夠加
以模擬，也就是預測未來。

接著在第4、5章則說明了微積分的數學結
構，因此本章將稍微更加深入來看微分方程
式的內容，並穿插數學公式來輔助說明。

6 - 1 微分方程式
是什麼樣的方程式？

在第3章有提到過，微分方程式不是計算數字的方程式，而是建立函數（式）的方程式。雖然已經重複過好幾次了，但還是讓我們再次複習微分方程式吧！

我想很多人都會熟悉國、高中學過的1次方程式與2次方程式。這些方程式會給定一個式子，並求出滿足該式子的x（數字）。

相較之下，微分方程式的解則是像$y = x^2$這樣的函數（式）。這是兩者最大的差別。

（普通的）方程式　　$2x+6=0$　　$x^2+2x+1=0$

解是**數字**　　$x=-3$　　　$x=-1$

微分方程式　$\dfrac{dy}{dx} = -y$

解是**函數**　$y = e^{-x}$

而函數可以表現物體的未來。所以微分方程式是使用數學預測未來的關鍵。舉例來說，第3章也介紹過的運動方程式或馬克斯威爾方程式等方程

式，這些全部都屬於「微分方程式」。

　　接著就讓我們來介紹具體的微分方程式。首先是最單純的微分方程式。在這條方程式中，y代表x的函數，$\dfrac{d}{dx}$則表示微分。

　　這條方程式表示微分後也會得到相同函數的函數。

$$\frac{dy}{dx} = y \qquad (y = f(x)〔y表示x的函數〕)$$

將$f(x)$微分　　　　會得到$f(x)$本身

　　我想有些讀者讀到這裡，已經知道這個微分的解是哪個方程式了吧？微分之後會變回原本的函數……。沒錯，就是第4章介紹的歐拉常數的指數函數 e^x。將$y = e^x$微分後會變回原本的函數$y = e^x$，所以這個函數就是微分方程式的解。

　　但是請注意，不是只有這個解，舉例來說，當我們微分$y = 3e^x$這個函數時，也會得到$y' = 3e^x$，也同樣會滿足這個微分方程式。

　　同樣地，$y = 4e^x$或$y = -\dfrac{1}{2}e^x$也都是這個微分方程式的解。換句話說，所有形式為$y = Ce^x$（其中C是常數）的函數都是解。

　　就如同原始函數不一定只會有一個，連帶地微分方程式的解也通常不會只有一個。

　　不過舉例來說，如果已經知道$x = 0$時$y = 2$，就會只有唯一解，這個解就是$y = 2e^x$。這種使函數確定下來的條件，在微分方程式的領域被稱為初始條件。

雖然說微分方程式可以預測未來，但如果不清楚現在的狀態也無法預測。舉例來說，就算有人問「我往北前進了10km，現在的位置在哪裡呢？」我們也無從得知他的所在地。只有知道「原本的所在地為A」，才有辦法回答這個問題。

　　雖然上面這段話聽起來像是理所當然，但卻是使用數學預測未來時會遇到的一個障礙。

6-2

運動方程式
能夠預測物體的運動

第1個微分方程式的例子，就是知名的牛頓運動方程式。

本書在前半部分使用速度、時間與距離的關係，對微積分進行說明。事實上，這三者的關係全部都包含在運動方程式這個微分方程式當中。

運動方程式如下。

雖然看起來有點困難，但接下來將會依序說明，請各位放心。

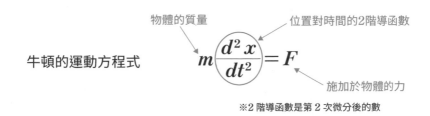

牛頓的運動方程式

物體的質量、位置對時間的2階導函數

$$m\frac{d^2 x}{dt^2} = F$$

施加於物體的力

※2階導函數是第2次微分後的數

在這條方程式當中，F是物體所受的力，m是物體的質量，x則是位置。但位置x是以時間t為變數的函數$x(t)$，敬請留意。

而x前方跟著$\frac{d^2}{dt^2}$，這指的是微分2次的意思。位置對時間微分會變成速度，速度對時間微分則會變成加速度。換句話說，三者的關係如下。

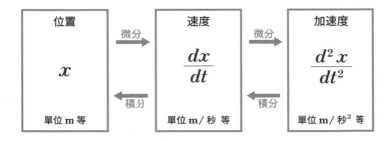

位置

x

單位 m 等

微分 → ← 積分

速度

$\frac{dx}{dt}$

單位 m/秒 等

微分 → ← 積分

加速度

$\frac{d^2 x}{dt^2}$

單位 m/秒² 等

各位或許覺得加速度聽起來有點陌生，這指的是單位時間的速度增加量。舉例來說，以2m/秒的速度移動之物體，在2秒後的速度變成6m/秒，$\frac{6m/秒-2m/秒}{2秒}$也就是2m/秒²。這個2m/秒²就是加速度，指的是每秒加速2m/秒²。

接下來就讓我們解開微分方程式，分析物體的運動吧！

首先考慮對沒有摩擦力的物體持續施加同樣大小的力之情況，比方說就像是有人在平滑的玻璃表面上推動冰塊一樣。接下來就以這個物體的運動為例進行說明。

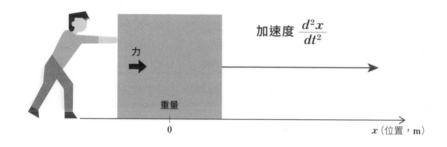

施加的力為F（N：牛頓），並且保持一定。牛頓是力的單位，1N大約和作用於100g物體的重力相同。換句話說，10N的力相當於1kg的重量。

符號m的單位是kg，就是物體的質量。嚴格來說，質量與重量不同，但在這裡視為相同也沒有問題。至於位置x的單位則是m（公尺）。在這次的分析中，力F與質量m都固定，只有x是隨時間變化的數字。

運動方程式如下，由於F與m都固定，因此在這種情況下，加速度$\frac{d^2x}{dt^2}$也維持一定。

$$\frac{d^2x}{dt^2} = \frac{F}{m}$$

加速度

$$\frac{d^2x}{dt^2} = \frac{F}{m} \quad (=一定)$$

$\dfrac{d^2x}{dt^2}$ 是位置對時間微分2次所得到的加速度,因此為了解開這個微分方程式,導出時間與位置的關係,也必須積分2次。但不要一口氣就做2次積分,而是先積分1次求出速度。

藉由解開這個微分方程式,可以得到速度$\dfrac{dx}{dt}$如下。將這個速度的函數 $\dfrac{F}{m}t$對t進行微分,可以發現其結果確實是$\dfrac{F}{m}$。

$$\frac{dx}{dt} = \frac{F}{m}t + C_1 \qquad \xrightarrow[\;C_1 = 0\;]{t = 0 \text{ 時的速度} \frac{dx}{dt} \text{為 } 0} \qquad \frac{dx}{dt} = \frac{F}{m}t$$

速度

$$\frac{dx}{dt} = \frac{F}{m}t$$

初始條件 $\dfrac{dx}{dt}(0) = 0$

附帶一提，C_1是任意常數。如同先前的說明，不清楚最初狀態就無法確定公式。所以在此就假設物體在$t=0$時是靜止的。換言之就是速度為0，因此$C_1=0$，而速度與時間的關係，就如前頁的圖形所示。

換句話說，持續施加相同的力時，速度就呈直線增加。

接下來試著將得到的速度再對時間進行積分。這麼一來就解開了這個微分方程式，得到位置與時間的關係。

$$x(t)=\frac{F}{2m}t^2+C_2 \xrightarrow[\quad C_2=0 \quad]{t=0\text{時的位置，}x\text{為}0} x(t)=\frac{F}{2m}t^2$$

位置

$$x=\frac{F}{2m}t^2$$

初始條件 $x(0)=0$

將這個位置的函數$\frac{F}{2m}t^2$對t進行微分，確實可得到速度的公式$\frac{F}{m}t$。至於C_2則代表任意常數。為了消除這個任意常數，還是需要初始條件。這次就假設在時刻$t=0$時，物體所在的地點是$x=0$。這麼一來，$C_2=0$，而時間與位置的關係也固定下來。

透過以上的計算可以得知，對物體持續施加一定的力時，速度與時間成正比，移動距離與時間的平方成正比。換句話說，速度以1次函數表示，移動距離則以2次函數表示。

舉例來說，假設施加的力為50N（牛頓），物體的質量為50kg。就可以知道，2秒後的速度為2.0m/秒，位置為2m；3秒後的速度為3.0m/秒，位置為4.5m。由此可知，只要使用運動方程式這個微分方程式，就能預測物體在某個時間點的位置。

　　在這種情況下，速度與時間成正比，位置與時間的平方成正比。

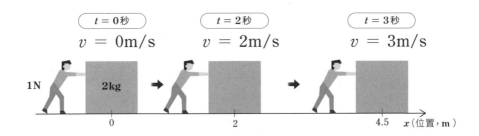

　　這裡所提到的「平滑的」、「沒有摩擦力」、「同樣大小的力」等，看起來實在很像例題，有些人或許會覺得在意。

　　其實也能夠將摩擦力與力的時間變化，加入運動方程式當中。
　　這麼一來，只要對加速度積分就能得到速度的函數，再對速度積分即可求出位置。

　　但在這種情況下，微分方程式就會變得很複雜，因此一般來說，無法像這個例題一樣，以嚴謹的數學公式求出函數x。
　　所以會使用微分來求出短時間間隔內的斜率，使用積分以短時間間隔分解成長方形以求出面積。
　　這種研究方法被稱為數值分析，雖然在日本的高中不教，但對於在大學主修數學或工程學的人而言，卻是必修科目。

CALCULUS

6-3 透過微分方程式知道化石的年代

「發現了45000年前的生物化石。」

想必大多數的人都不會覺得這句話有什麼奇怪。但如果仔細思考,不覺得有點不對勁嗎?為什麼會知道那是45000年前的化石呢?既不是40000年前,也不是50000年前,而是45000年前。

其實推斷化石的年代,也隱藏著與微分方程式有關的現象。

有一種原子名為碳14。碳的原子量通常是12,但世界上也存在著極少量與「普通碳」不同的碳,這種碳的原子量是14。

這種原子量為14的碳,生成於距離地表數十公里的平流層,也就是被氟氯碳化物破壞的臭氧層所在處。這些碳原子以一定的比例混合於大氣當中,因此會呼吸的生物體內、行光合作用的植物之中,都存在著一定比例的碳14。

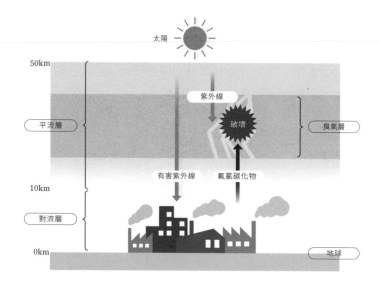

然而當動物死亡或是植物枯萎時，外界的碳就無法再進入，因此就不會再吸收新的碳14了。

此外，因為碳14並不穩定，會有一定的機率變成穩定的氮。因此碳14在死去的動物或是枯萎的植物體內將逐漸減少。

現在已經知道，這種由碳14轉變為氮的現象，可以利用微分方程式來表示。

假設函數 $N(t)$ 代表 t 年之後的碳14個數，那麼可以建立出以下的微分方程式。

這裡的 λ 是依元素種類而設定的常數，λ 的數值愈大，代表碳14減少的速度會愈快。

$$\frac{dN}{dt} = -\lambda N$$

解開這個微分方程式，可以得到 $N(t) = Ce^{-\lambda t}$，其中 C 是任意常數。這時如果假設 $t = 0$ 時的碳14數量是 N_0，那麼 $N(t) = N_0 e^{-\lambda t}$（如有需要，請參考第7章的指數函數及其微分）。

將這個函數畫成圖形則如次頁圖所示。這個指數函數是以相同比例逐漸減少的函數，換言之，N_0 減半的時間，與從半量再減半（N_0 變成4分之1）的時間相同。

我們將 $N(t)$ 畫成圖形。這個圖形中的半衰期為 T。半衰期指的是從某一時間點開始，$N(t)$ 變成原來的一半所需的時間。

從圖中可以看出，從初始值 N_0 開始，每過 T 時間，$N(t)$ 就減少到原來的一半。

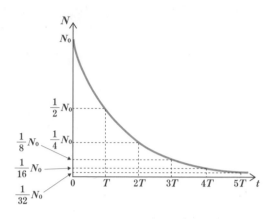

　這個變化發生得相當精確，所以只要反過來調查化石中所含的碳14比例，就能確定該生物死後（如果是植物則是枯萎後）經過了多長的時間。

　現在已經知道碳14的半衰期是5730年。因此若化石中的碳14比例是大氣中碳14比例的一半，就可以推斷這是5730年前的化石；如果是4分之1，就能推斷是11460年前的。

　附帶一提，從碳14變成氮14的過程被稱為「放射性衰變」，而原子數量減半所需的時間則被稱為「半衰期」。

　我想也有許多人在放射線或放射能的話題中聽過這個名詞。

　例如，核電廠所排出的「核廢料」鈽239也同樣會產生放射性衰變。

　鈽239會釋放出稱為α射線的放射線，變成鈾235。這個變化的半衰期約為24000年。換句話說，每經過24000年，鈽239的數量就會變成一半。因此也能透過微分方程式預測鈽239未來的變化。

　由於鈽239必須經過24000年才會減少到一半，所以會持續釋放出有害的放射線。鈽像這樣以非常長的時間持續釋放出放射線，將會使得核廢料的處理變得非常困難。

6－4 　計算生物的個體數

　　到此為止的運動方程式與原子的衰變等，介紹的都是微分方程式在物理學領域的應用。但微分方程式不僅可應用在物理學的領域，也能應用在生物學或藥學等其他自然科學的領域，甚至也可以應用在經濟學或社會學等人文科學領域。

　　不過其他領域並不像物理學那樣，存在著「某某方程式」這種絕對的微分方程式，並從這個方程式導出所有結果。相反的，在這些領域往往都是先有結果，才分析出符合結果的微分方程式。

　　舉例來說，假設我們打算對某生物的個體數進行分析。
　　將某生物放在新環境時，已知其個體數在順利增加的情況下，個體數與經過的時間具有如下圖般的關係。

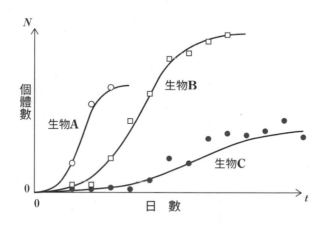

　　$t = 0$這種函數稱為「邏輯函數（Logistic function）」。其函數值從$t = 0$開始逐漸增加，當超過某個數量時突然激增，接著再增加到一定數量

後，就達到飽和狀態（變成一個固定數字）。這個結果很符合直覺。

　　接下來就使用微分方程式來分析這條曲線是如何得出來的。

　　首先考慮單純的狀況，個體數與「個體數的增加量（斜率）」成正比。舉例來說如下圖所示，如果每隻個體都會生下3個子代，那麼個體的增加數量就會與原本的個體數成正比。這也符合直覺吧？

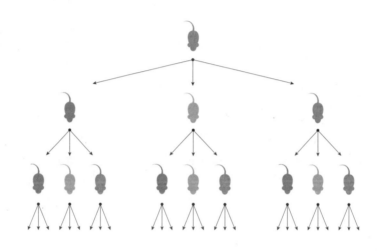

　　這時，若個體數與時間t的函數是$N(t)$，α是某個正的常數，那麼微分方程式就會如下所示。

$$\frac{dN}{dt} = \alpha N$$

　　解開這個微分方程式所求出的答案如下。假設初始值為N_0，個體數將從N_0開始，無窮無盡地急速增加下去。雖然這是理所當然……。

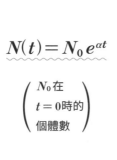

$$N(t) = N_0 \, e^{\alpha t}$$

$$\begin{pmatrix} N_0 \text{ 在} \\ t = 0 \text{時的} \\ \text{個體數} \end{pmatrix}$$

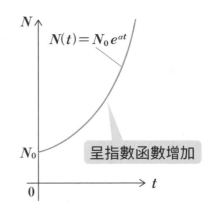

$$N(t) = N_0 \, e^{\alpha t}$$

呈指數函數增加

　　但實際上這並不合理。如果發生了這樣的現象，地球上很快就會擠滿生物。換句話說，個體數不會只是單純地增加，也會減少。

　　接下來考慮當個體數增加時，每一個體所能獲得的食物將減少，因此試著在微分方程式裡添加一個項目：個體增加的速度將隨著個體數量的增加而減緩。換言之就如下方所示。

　　除了剛才提到的常數 α 之外，這裡還使用了另一個正的常數 μ。其中，α 是個體的增加速度隨著個體數量變多而加快的常數，μ 則是個體的增加速度隨著個體數量變多而減緩的常數。

$$\frac{dN}{dt} = \alpha N - \mu N = (\alpha - \mu) N$$

個體數 N 增加時，
增加的速度
加快的項

個體數 N 增加時，
增加的速度
減少的項

解 ➤ $N(t) = N_0 \, e^{(\alpha - \mu)t}$（$N_0$ 為 $t = 0$ 時的個體數）

解開這個微分方程式之後所得到的圖形取決於 $\alpha-\mu$ 的值。若 $\alpha-\mu$ 大於 0，則個體數量逐漸增加，若小於0則逐漸減少。

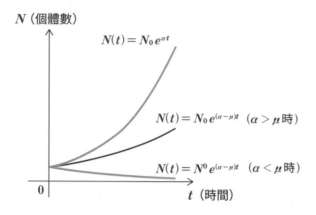

如果個體的數量逐漸減少就相當於滅絕吧？地球上也有絕種的生物，因此確實合理。

至於個體數量逐漸增加的情況，雖然增加速度已經比原本的還要慢，但隨著時間經過，依然會無上限地增加下去，因此也並不符合本節最初展示的實際生物個體數。

這樣的話，果然有哪裡搞錯了吧。

仔細看資料會發現，從最初狀態開始增加的過程，與剛才討論中所求出的公式相似。換句話說，剛開始增加時，這樣的模式沒有問題，只要在個體數變多時，增強抑制力道即可。

個體數的實測值

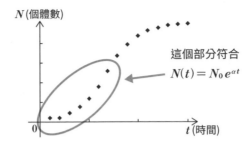

這時試著將增加速度減少的斜率從與 N 成正比改為與 N^2 成正比。 N^2 的增加速度比 N 快,換句話說抑制的力道更強。

這時除 α 之外,再使用另一個正的常數 β。β 和剛才的 μ 一樣,都是使增加速度在個體數增加時朝減少方向移動的常數。但由於與 N^2 相乘,因此阻止個體數增加的效果,比剛才的 μ 更強。

$$\frac{dN}{dt} = \alpha N - \beta N^2$$

解開這個微分方程式的結果如下。這個式子中包含任意常數 C_0,C_0 的值取決於初始條件 $N(0)$。

$$N(t) = \frac{\alpha}{\beta} \cdot \frac{1}{1 + C_0 e^{-\alpha t}}$$

將這個函數畫成圖形的結果如次頁所示。這個函數顯示,個體數在剛開始時不斷地增加,然而當增加到某個數字後就趨於穩定。這個結果似乎完美地呈現出實際狀況。

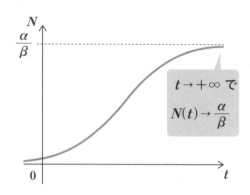

　於是就如下圖所示，只要調整 α 與 β 的值，就能呈現各種不同生物的個體數，這時的 α 是增加速度的係數，代表繁殖力的強弱；至於 β 則是個體數增加時，減緩增加速度的力道。

　透過調整 α 與 β（還有 C_0），就能表現各種生物的時間與個體數之間的關係。

　只要比較其係數，就能進行生物分析。

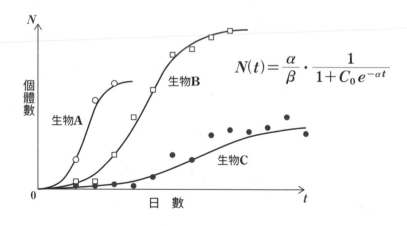

$$N(t) = \frac{\alpha}{\beta} \cdot \frac{1}{1 + C_0 e^{-\alpha t}}$$

舉例來說，生物X的α與生物Y差不多，但β比生物Y小；生物Z的α與β都比生物X小等等。像這樣比較生物之間的係數，就能看見其特徵。

　　此外，即使是相同的生物，其曲線也會隨著環境而改變。因此也能夠有效地考察生物適應什麼樣的環境，具有什麼樣的特性等。

　　譬如近年來的水產資源保護也運用了這樣的概念。某個特定魚種，譬如鮪魚如果遭到大量捕撈，數量就會逐漸減少，最後接近滅絕。

　　所以才會分配漁獲量以避免濫捕，而分配漁獲量的計算也能應用這樣的微分方程式。

　　在這個問題當中有個決定性的數值，當捕撈量超過這個數值時，個體數就會急遽減少，逐漸接近滅絕。只要能夠預測這個數值，就有助於保護其個體數，各位想必都能理解。

　　由此可知，微分方程式能夠分析實際發生的現象。換句話說，能夠使用數學分析真實世界發生的事情，也是多虧了微分方程式的力量。

6－5

體重在赤道和北極會不同

應該不會有人在日常生活中，感受到地球自轉的影響吧？但地球確實在自轉著，而我們也多少受到影響。

各位聽過「體重在赤道和北極會不同」嗎？地球自轉就像下圖一般。

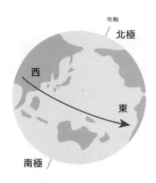

所以在赤道附近，外側（從人的角度看就是天空的方向）承受的離心力較大。至於在北極與南極處則不會承受離心力，所以體重會比赤道附近重。

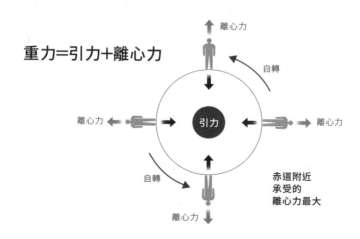

接下來就將運動方程式應用到2次元的世界，試著求出其影響。運動方程式不僅可以應用在「典型數理問題」的1次元世界，也可應用在2次元、3次元的世界。

必須具備向量的知識才能詳細理解我們接下來要討論的內容，但我會採取即使不具備向量知識，只理解垂直、水平也能大致看懂討論的說明，因此請試著一讀。

首先試想從赤道中央將地球橫切開來的座標。

這時人類會承受指向中心方向的引力。據說在地球上，赤道附近的印尼背面差不多就是巴西。因此印尼人與巴西人的位置關係大致如下圖。而這裡的r則代表地球半徑。

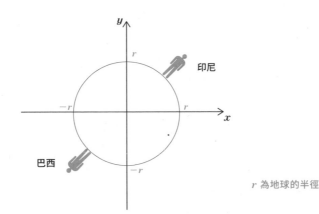

r 為地球的半徑

而地球會自轉，1天轉1圈。

附帶一提，圖中雖然使用x、y座標，卻不像前面的函數圖那樣，x與y之間具有$y = f(x)$這種函數輸出與輸入的關係。這是2次元的世界，請將x、y視為單純呈現水平、垂直位置的符號。

在此來看看地表上的人。由於地球的引力指向地球的中心，所以在地表

上的每個人都是穩定的。

　　接下來就試著使用運動方程式，求出人所承受的離心力。

　　從這裡開始將使用三角函數，沒有自信的人請先讀過第7章三角函數微積分的部分再回來看下文。

　　不過，即使不太了解三角函數，也能大致掌握其感覺，所以直接往下讀也沒關係。

　　在這個圓上從A點出發，t秒後是位置P，而P的x座標與y座標能夠使用三角函數$r\cos\omega t$與$r\sin\omega t$表示。其中r是半徑，t是時間（秒）。這麼一來，地表上每個點的x座標與y座標，都能表示成t的函數。

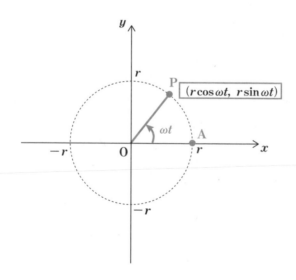

　　ω稱為角速度，表示的是圓周運動時角度的速度。舉例來說，假設是100秒轉一圈的圓周運動，角速度就是$360° \div 100 = 3.6°$/秒。不過在數學的世界當中，使用的角度是弧度。弧度如下所示，$360°$就是2π。

　　如右圖所示，半徑為1的圓，其扇形部分的弧長是 θ，角度也定義為 θ（弧度）。當半徑為1時，圓周的長度為 2π（π 是圓周率），所以度數法的 $360°$ 就是 2π。

因此 $1° = \dfrac{\pi}{180}$（弧度）　　　1（弧度）$= \left(\dfrac{180}{\pi}\right)°$

例如）　　$30° \rightarrow \dfrac{\pi}{6}$、$45° \rightarrow \dfrac{\pi}{4}$（弧度）

　　　　$180° \rightarrow \pi$（弧度）、$360° \rightarrow 2\pi$（弧度）

　　現在已知位置為 $(r\cos\omega t,\ r\sin\omega t)$，接下來就依此求出速度。各位或許會感到複雜，但其實就只是將位置對 t 微分而已。如第7章所示，$\sin x$ 微分會變成 $\cos x$，$\cos x$ 微分會變成 $-\sin x$，運用這個原則，就會得到速度為 $(-r\omega \sin\omega t,\ r\omega \cos\omega t)$。

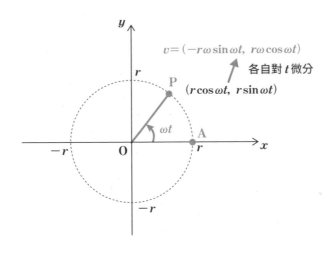

這個速度的值可透過下列公式求得，而圓周運動的速度值就是$r\omega$。

$$（速度值）= \sqrt{(-r\omega\sin\omega t)^2+(r\omega\cos\omega t)^2} = r\omega$$

r是地球的半徑，約6400km。ω是角速度，地球一天轉一圈（360°），所以角速度就是360°÷（24（小時）×60（分）×60（秒）），約為0.0042°/秒。將該角度轉換成弧度，代入$r\omega$，得出答案就是約465m/秒。再將這個速度轉換成時速，就是約1680km/小時。

這個速度遠遠超過音速。由此可知自轉的速度非常快。不過，地球上的人卻感受不到這樣的速度。

接下來再試著求出加速度。速度為$(-r\omega\sin\omega t,\ r\omega\cos\omega t)$，而加速度就是將這個速度的數值再對$t$進行微分，計算過後得到的答案就是$(-r\omega^2\cos\omega t,\ -r\omega^2\sin\omega t)$。

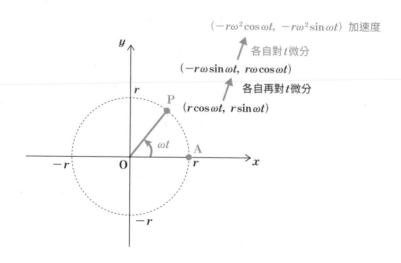

這個加速度的值如下列公式所示，以$r\omega^2$表示。

$$（速度值）= \sqrt{(-r\omega^2\cos\omega t)^2+(-r\omega^2\sin\omega t)^2}=r\omega^2$$

接著分別將地球半徑與自轉的角速度帶入r與ω，得到的答案是約0.033m/秒^2。接著將這個加速度套用到50kg的人身上，其所受到的力相當於160g。

但實際上，地球呈現橢圓形，如圖一般赤道距離中心的距離比北極稍遠。所以距離地球中心較近的極地，所受到的引力原本就會比較大。

如將這個效果也考慮在內，赤道的重力大約比極地小0.5%左右。

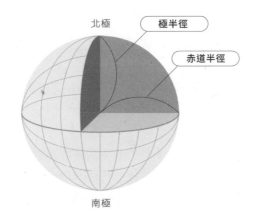

若將這個差異套用到人類身上，舉例來說，在北極50kg的人移動到赤道上，體重將會減少約250g。在日本國內也能看到這樣的差異，在札幌100kg的物體到了沖繩大約會輕140g左右，變成約99.86kg。

透過解開運動方程式，就能說明此差異。運動方程式真的很偉大呢！

6-6

微分方程式的極限

到此為止，我們已經說明了微分方程式的威力。微分方程式能夠分析物體的運動、波動、電流與電壓等，是科學技術的基礎。

除此之外，生物學、醫學、保險等金融商品的開發、股價的分析，甚至是人口遷移與交通流量分析等社會科學，各式各樣的領域都能使用微分方程式預測未來，因此微分方程式也是「預測未來」不可或缺的工具。

然而這麼厲害的微分方程式也有弱點。

各位不覺得很神奇嗎？微分方程式能夠精確預測哈雷彗星在76年後的所在位置。但是請想想看天氣預報，有時就連明天的降雨機率都無法正確預測吧？地震也一樣，現在雖然已經知道日本一定會發生地震，卻無法預測地震會在什麼時候發生。

相較於76年後，明天的事情應該更容易預測才對，但為什麼出現這樣的情況呢？

這取決於影響因素的數量。分析哈雷彗星的運動時，主要影響其運動的是太陽的引力。嚴格來說，地球等其他行星的引力也會有影響，只不過相較之下帶來的影響力微乎其微。再加上宇宙中也沒有大氣，所以也不會受到大氣影響。

因此，即使是哈雷彗星的運動，將其簡化成彗星本身與太陽這2個物體之間的問題，也就能使用微分方程式精確地分析。

至於天氣預報呢？舉例來說，大氣的溫度、濕度及壓力都會影響降雨與否吧？這樣就有3項因素了。

而且還需要在各個地點取得這些資訊。假設為了精確預測天氣，需要每$1km^2$的數據（實際上或許還需要更多），那麼取得全球的數據在實際上是不可能的任務。但預測日本的天氣只靠日本的資訊是不夠的，巴西的大氣資

訊也會影響日本的天氣。

再者，即使能夠取得這些資訊，計算量也會隨著因素增加而變得龐大。只要稍微增加一點因素，就可能「需要1兆年」才能計算完畢，因此即使建立了微分方程式也解不出來。

所以絕對不可能使用微分方程式，去分析腦細胞交錯糾纏的人類思考等等。就這一層意義來看，或許可以說並非世界上的所有一切都能使用科學來解釋。

本書說明了能夠預測未來的微積分。但另一方面，愈深入學習微積分，也愈會直接面對到科學的極限。

微分方程式只能分析這個世界上極少數的現象。但就算只分析這少少的現象，科學技術就足以帶給人類莫大的恩惠也是鐵錚錚的事實。

我希望閱讀本書的各位，都能正確認識科學的力量，不要低估科學是當然的，但是也不能太過高估。

如果各位能夠透過本書掌握微積分的觀點，並應用在自己的學習與工作當中，那將會是我的榮幸。

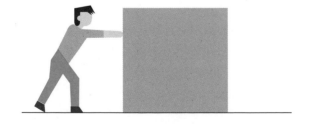

關於微積分的
其他主題

CALCULUS

7

前面的6章，已經將我想要介紹的微積分結
構與應用領域全部都說明完畢。但為了能讓
各位一口氣觀其全貌，也省略了一些重要的
項目。

本章將詳細說明日本高中學習的微積分與函
數之中，稍具一點高度的項目。現在各位的
腦中已經有微積分的基本結構了，因此就算
在當時學得一頭霧水，我想現在想必也能夠
理解了。請務必挑戰此章的內容看看。

7 – 1

指數、對數函數與其微積分

指數舉例來說，就像2^5這樣，在某個數字的右上角，有著一個小小的數字。這個小數字指的是該數字乘以自己的次數。換句話說，$2^2 = 2\times2$、$2^3 = 2\times2\times2$。

思考指數時，其具有下列的性質。

● $a^n = a\times a\times\cdots\cdots\times a$（$a$乘以自己$n$次）
例如） $2^5 = 2\times2\times2\times2\times2 = 32$

● $a^n\times a^m = a^{(n+m)}$
例如） $2^3\times2^2 = 2^{(3+2)} = 2^5 = 32$

● $a^n\div a^m = a^{(n-m)}$
例如） $2^4\div2^2 = 2^{(4-2)} = 2^2 = 4$

● $(a^n)^m = a^{(n\times m)}$
例如） $(2^2)^3 = 2^{(2\times3)} = 2^6 = 64$

如果將2乘以自己3次，一般只要寫成「$2\times2\times2$」即可。之所以會特別提出指數的概念，是因為如果使用指數，乘法會變加法、除法會變減法，非常地方便。

舉例來說，即使像256×1024這樣複雜的計算，寫成指數也會變得很單純，答案是$2^8\times2^{10} = 2^{18}$。

不過，在上述情況下a^n中的n是自然數。因為到目前為止的討論中，我們並沒有考慮到像2^0、2^{-1}或$2^{\frac{1}{2}}$的情況。2乘以自己0次或-1次等等，這些聽起來不知所云，但數學就是思考這種狀況的學問。

接下來，就讓我們思考一下使用零或分數作為指數的方法。首先考慮指數為0的情況，如2^0；接著考慮指數為負數的情況，如2^{-2}；最後再考慮指數為分數的情況，如$2^{\frac{1}{2}}$。

首先來看看是指數為0的情況。我們可以透過思考$2^2 \div 2^2$的計算來獲得思考的線索。

根據指數的規則$2^2 \div 2^2 = 2^0$。而另一方面，$2^2 \div 2^2 = 4 \div 4 = 1$，所以似乎能得到$2^0 = 1$。

事實上，這對於所有正數a都成立，$a^0 = 1$。

接著想想當指數為負時，則是可透過思考$2^2 \times 2^{-2}$的計算來獲得線索。

根據指數的規則$2^2 \times 2^{-2} = 2^0 = 1$。而$2^2 = 4$，所以可想成$2^{-2} = \frac{1}{4} = \frac{1}{2^2}$。

這對於所有的正數a和n也都成立，所以$a^{-n} = \dfrac{1}{a^n}$。

最後考慮指數為分數的情況。以$2^{\frac{2}{3}}$為例。將$(a^n)^m = a^{(n \times m)}$的公式反過來用，就是$2^{\frac{2}{3}} = (2^{\frac{1}{3}})^2$。

在此將$2^{\frac{1}{3}}$乘以3次，就是$2^{\frac{1}{3}} \times 2^{\frac{1}{3}} \times 2^{\frac{1}{3}} = 2$。換句話說，$2^{\frac{1}{3}}$就是乘以自己3次會變成2的數。這個數稱為2的3次方根，寫成$\sqrt[3]{2}$。因此$2^{\frac{1}{3}} = \sqrt[3]{2}$。同理$2^{\frac{1}{2}}$則會表示為$\sqrt{2}$。

透過這個討論可以知道，$2^{\frac{2}{3}} = (\sqrt[3]{2})^2 = \sqrt[3]{2^2}$。這也對所有的正數$a$與自然數$n$、$m$都成立，因此$a^{\frac{n}{m}} = \sqrt[m]{a^n}$。

這麼一來，就能將指數擴張到分數，也就是所有的有理數。除此之外，雖然在此省略了解說，但是指數也可以擴張到所有的無理數（無法表現為分數的數）。

將以上的說明做個整理，就是x能夠擴張到所有實數；而指數除了前面提到的性質之外，還能再加上以下這些性質。

●$a^0 = 1$（所有數的0次方都是1）

例如）$3^0 = 2^0 = 5^0 = 1$

●$a^{-n} = \dfrac{1}{a^n}$

例如）$2^{-3} = \dfrac{1}{2^3} = \dfrac{1}{8}$

●$a^{\frac{n}{m}} = \left(\sqrt[m]{a}\right)^n = \sqrt[m]{a^n}$　（$\sqrt[m]{a}$ 是m次方後會變成a的數）

例如）$8^{\frac{2}{3}} = \sqrt[3]{8^2} = \left(\sqrt[3]{2^3}\right)^2 = 2^2 = 4$

●**所有正的實數b，都能使用a（1以外的正實數）與某個實數x，寫成$b = a^x$**

例如）$23.4 = 10^{1.3692\cdots}$（因為是無理數，所以小數點後面無窮盡）

　　如果指數只被定義為自然數，那麼指數函數$y = 2^x$的圖形就只能定義為點狀；然而當擴張到分數與無理數時，就會變成線狀。點狀函數無法微分，但線狀函數就能微分。這麼一來，指數就變成了「指數函數」，使用起來就會更加方便。

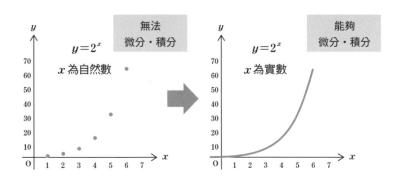

　　　　　　7-1　指數、對數函數與其微積分

接下來是對數，對數就是指數反過來。

指數的問題就像「$y=2^x$與2的x次方是多少？」例如$y=2^3$，也就是2的3次方為8。

至於對數則是其反函數（參考p.72）。換言之，x與y之間存在著$x=2^y$的關係，就等於是反過來去問「某數x是2的幾次方？」

這時的數學式會被寫成$y=\log_2 x$。例如$\log_2 8$，而其中的8也就是2的3次方。

各位或許會感到疑惑，為什麼要使用log這種複雜的概念來表現呢？因為對數一般來說是無理數，無法使用有理數表現。換言之，雖然從$2^x=8$可以輕易求出$x=3$，但$2^x=5$的x就會變成無理數，所以這個數就會以$x=\log_2 5$來表現。

對數具有如下的關係。請確實掌握其基本關係吧！

滿足$a^x=p$的x值表示為$x=\log_a p$

這時a稱為底數

　例如）$\log_{10} 1000 = 3\ (10^3 = 1000)$

●$\log_a 1 = 0$
例如）$\log_2 1 = 0\ (2^0 = 1)$

●$\log_a a = 1$
例如）$\log_2 2 = 1\ (2^1 = 2)$

●$\log_a M^r = r\log_a M$
例如）$\log_2 2^4 = 4\ \ \log_2 2 = 4$

●$\log_a(M \times N) = \log_a M + \log_a N$
例如）$\log_2(4 \times 16) = \log_2 4 + \log_2 16$
　　　$= \log_2 2^2 + \log_2 2^4 = 2+4 = 6$

●$\log_a(M \div N) = \log_a M - \log_a N$
例如）$\log_2(4 \div 16) = \log_2 4 - \log_2 16$
　　　$= \log_2 2^2 - \log_2 2^4 = 2-4 = -2$

對數所畫出的圖形如下。前面有提到過，指數函數是急遽增加的函數；而對數函數則是指數函數的反函數，所以增加的速度非常緩慢。此外，對數函數畫出的圖形也會與底數相同的指數函數圖形，相對於直線 $y = x$ 呈現對稱的形狀。

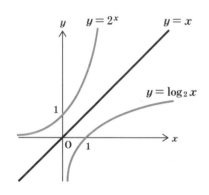

接下來說明指數函數與對數函數的導函數。

將指數函數 $y = a^x$ 與對數函數 $y = \log_a x$ 微分的結果如下。

$$(e^x)' = e^x \qquad\qquad (\log_e x)' = \frac{1}{x} \qquad\qquad \text{※}(e^x)' \text{表示} e^x \text{的導函數}$$

$$(a^x)' = a^x \log_e a \qquad (\log_a x)' = \frac{1}{x \log_e a}$$

指數函數 $y = a^x$ 的導函數為 a^x 乘以 $\log_e a$。 e 如125頁所示，是歐拉常數。因此 $a = e$ 時 $\log_e e = 1$，函數值會與斜率一致。

將 $\log_e x$ 的圖形微分會得到 $\frac{1}{x}$。x 愈大則斜率愈小，由此可知增加的速度緩慢。

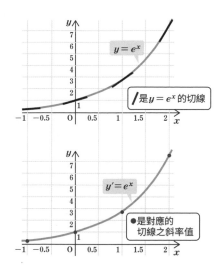

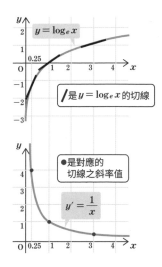

　　此外，不定積分（原始函數）如下圖所示。請確認看看微分後是否會變回原本的函數。

$$\int e^x\, dx = e^x + C$$

$$\int a^x\, dx = \frac{a^x}{\log_e a} + C \quad (a > 0,\ a \neq 1)$$

$$\int \log_e x\, dx = x \log_e x - x + C$$

7 - 2 三角函數與其微積分

　　三角函數如下圖所示，當直角三角形的直角在右側時，以各邊的比來定義。由於是直角三角形，其中1個角為90°，3個角的和為180°，所以θ可能的值就是0° < θ < 90°。

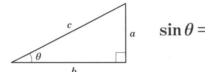

$$\sin \theta = \frac{a}{c} \quad \cos \theta = \frac{b}{c} \quad \tan \theta = \frac{a}{b}$$

　　然而，就像剛才介紹的指數一樣，數學專家並不會因此而滿足，他們也希望將θ擴張到0°以下與90°以上。

　　所以現在先將三角形放到一旁，而是思考如下圖般位於座標圖上的單位圓。對於單位圓上的點P，設中央的角度為θ。這時將 $\sin \theta$ 定義為P的y座標、$\cos \theta$ 定義為P的x座標、$\tan \theta$ 定義為 $\frac{y}{x}$。如此一來，就能在不違背剛才的直角三角形定義之情況下，將θ的範圍擴大。

x座標：$\cos \theta$　　　y座標：$\sin \theta$

$$\tan \theta = \frac{\sin \theta}{\cos \theta}$$

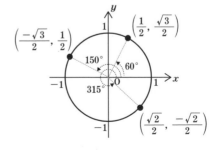

　　此外，若要擴張到負角度，只要將向左旋轉改為向右即可。至於360°以

上，則可透過轉2、3圈等複數圈來表示，如此就能將 θ 擴張到所有實數。

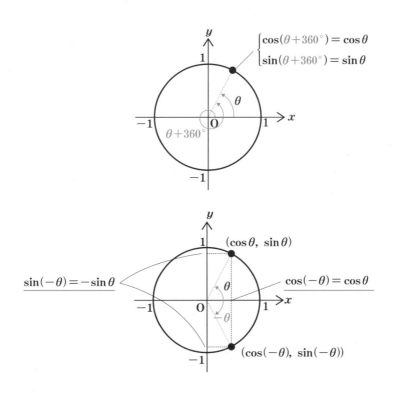

　　接下來將介紹 $\sin\theta$、$\cos\theta$ 和 $\tan\theta$ 的圖形。我想各位在看過之後就會發現這些圖形屬於「波形」。事實上，當三角函數被應用在現實世界時，更常被用於表現波形，而非三角形。

　　由於 $\tan\theta$ 的定義是 $\dfrac{\sin\theta}{\cos\theta}$，所以當 $\cos\theta = 0$，譬如 $\dfrac{\pi}{2}(90°)$ 時，分母會變成0，$\tan\theta$ 在這裡就會變成沒有被定義。此外，$\sin$ 和 $\cos$ 的週期是 $2\pi(360°)$，$\tan\theta$ 的週期則是其 半，即 $\pi(180°)$。
　　附帶一提，x 軸顯示的角度不是度 $(°)$，而是以之前在第173頁中介紹的弧度。上方標記了度數，如果看不懂弧度可以參考。

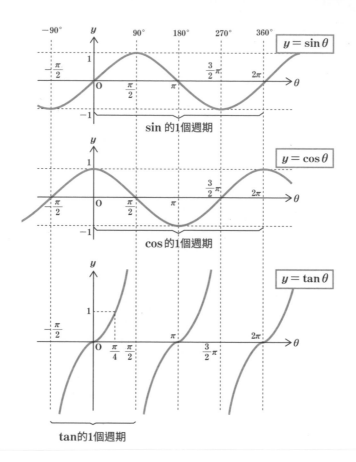

$y = \sin\theta$

sin 的1個週期

$y = \cos\theta$

cos 的1個週期

$y = \tan\theta$

tan的1個週期

接下來介紹三角函數的導函數。附帶一提，使用弧度作為角度單位的理由，就在於如此一來，「$\sin x$的導函數會變成$\cos x$」。

但如果以度(°)為單位，$\sin x°$的導函數就不會是$\cos x°$，而是會變成 $\dfrac{\pi}{180}\cos x°$，使用起來會很麻煩。

$$(\sin x)' = \cos x \qquad (\tan x)' = \frac{1}{\cos^2 x}$$
$$(\cos x) = -\sin x$$

7-2 三角函數與其微積分

下圖為sin與cos導函數圖形。請憑感覺掌握三角函數斜率為其導函數。

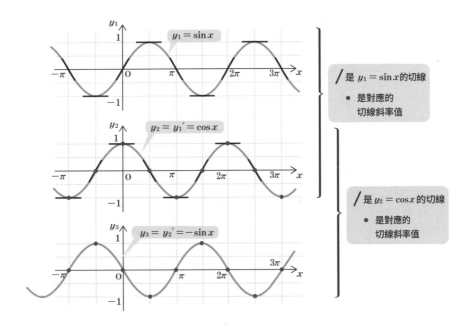

接下來是tan與其導函數的圖形。

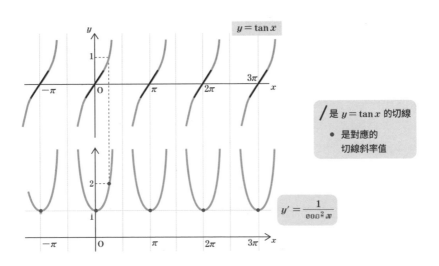

再來是三角函數的原始函數。請確認看看原始函數微分後是否會變回原本的函數。

$$\int \sin x dx = -\cos x + C$$

$$\int \cos x dx = \sin x + C$$

$$\int \tan x dx = -\log_e |\cos x| + C$$

7 - 3　　函數的增減

　　將函數套用在我們的現實世界之中時，極大值與極小值往往具有格外重要的意義。

　　舉例來說，假設有個函數顯示的是某家店的商品價格與利潤之間的關係，我們當然會想知道利潤最大時的價格吧？

　　同理，假設有個函數顯示的是汽車的行駛速度與燃料費之間的關係，自然也會想知道燃料費最低的速度吧？

　　函數值的極大值或是極小值的問題，就像上面描述的這樣頻繁地在現實生活中登場。

　　而微分就在尋找極大值與極小值時發揮作用。

　　就如同本書中也曾多次提到，函數 $y = f(x)$ 的導函數 $f'(x)$，代表的是 $y - f(x)$ 的圖形斜率。因此 $f'(x) > 0$ 即斜率為正，代表函數 $y = f(x)$ 於該點正在增加；反之，當 $f'(x) < 0$ 即斜率為負，代表函數 $y = f(x)$ 於該點正在減少。

　　這時，$f'(x)$ 由正轉變為負，或是由負轉變為正的點如次頁上方的圖。函數從增加轉變為減少的點就稱為極大值，而從減少轉變為增加的點則會稱為極小值。

　　換句話說，$f'(x) = 0$ 的點，就是極小值或極大值。

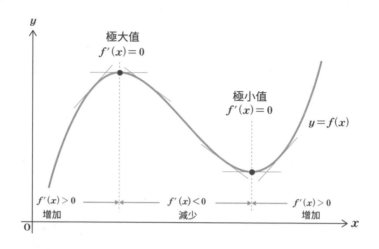

此外，函數的圖形往上凸或往下凹，在函數的變化中也很重要。

各位想必都能從圖中看出，即使同樣都是增加或減少，往上凸的形狀與往下凹的形狀大不相同。往上凸時增加歸增加，還是能夠看到增加減緩的傾向，而減少時則呈現減少速度愈來愈快的狀態；反之，往下凹時增加的速度愈來愈快，減少的速度則逐漸趨緩。

往上凸與往下凹取決於2階導函數 $f''(x)$ 的符號。在 $f''(x) > 0$ 的區間圖形往下凹，在 $f''(x) < 0$ 的區間圖形往上凸。

	$f'(x) > 0$ 增加↑	$f'(x) < 0$ 減少↓
$f''(x) > 0$ 往下凹	⤴	⤵
$f''(x) < 0$ 往上凸	⤴	⤵

以次頁圖為例，這是 $f(x) = x^3 - 3x$ 的函數圖形，透過畫出增減表，能夠更詳細地分析函數的變化。

若 $f(x) = x^3 - 3x$ 則 $\begin{cases} f'(x) = 3x^2 - 3 = 3(x+1)(x-1) \\ f''(x) = 6x \end{cases}$

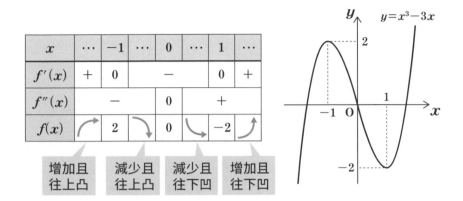

x	$\cdots$	-1	$\cdots$	0	$\cdots$	1	$\cdots$
$f'(x)$	$+$	0		$-$		0	$+$
$f''(x)$		$-$		0		$+$	
$f(x)$	↗	2	↘	0	↘	-2	↗

增加且往上凸　　減少且往上凸　　減少且往下凹　　增加且往下凹

　　導函數就像這樣，提供了許多資訊幫助我們理解函數的極大值、極小值以及圖形的形狀。

7–4 各種微積分技巧

如121頁所示，假設有函數 $f(x)$（導函數 $f'(x)$）與函數 $g(x)$（導函數 $g'(x)$），函數 $f(x)+g(x)$ 的導函數就是單純的 $f'(x)+g'(x)$。

但函數的積 $f(x)g(x)$ 的導函數，卻不是 $f'(x)g'(x)$ 那麼簡單，而是如下所示。這就是積的微分公式。

$$\{f(x)g(x)\}' = f'(x)g(x)+f(x)g'(x)$$

這個微分公式的使用範例如下所示，請大致掌握其感覺。

請注意例1的部分，與公式 $(x^n)' = nx^{n-1}$ 在 $n=6$ 時的結果一致。

例1　$y = x^6 = x^4 \cdot x^2$ 的微分

若 $f(x)=x^4$、$g(x)=x^2$，則因 $f'(x)=4x^3$、$g'(x)=2x$

$$\{f(x) \cdot g(x)\}' = f'(x) \cdot g(x)+f(x) \cdot g'(x)$$
$$= 4x^5+2x^5 = 6x^5$$

例2　$e^x \sin x$ 的微分

若 $f(x)=e^x$、$g(x)=\sin x$，則因 $f'(x)=e^x$、$g'(x)=\cos x$

$$\{f(x) \cdot g(x)\}' = f'(x) \cdot g(x)+f(x) \cdot g'(x)$$
$$= e^x \sin x+e^x \cos x$$

接下來說明求原始函數的方法，換言之就是計算不定積分的方法。

假設有函數 $f(x)$（原始函數 $F(x)$）與函數 $g(x)$（原始函數 $G(x)$），函數 $f(x)+g(x)$ 的原始函數就是單純的 $F(x)+G(x)$。但積的函數 $f(x)g(x)$ 的不定積分，卻不是 $F(x)G(x)$ 那麼簡單。

求出積的函數 $f(x)g(x)$ 之原始函數時，使用的方法是部分積分。

部分積分是將積的微分公式2邊積分後所得到的結果。換句話說，部分積分是將積的微分公式反過來用。

積的微分公式　$\{f(x)g(x)\}' = f'(x)g(x) + f(x)g'(x)$

積分

部分積分　$\displaystyle\int f(x)g'(x)dx = f(x)g(x) - \int f'(x)g(x)dx$

　　接下來介紹套用這個公式的例子。舉例來說，將函數 $x\sin x$ 積分時，計算方式如下。

　　若 $f(x) = x$，$g(x) = -\cos x$，則 $f(x)g'(x) = x\sin x$，所以根據公式

$$\int x\sin x\,dx = x(-\cos x) - \int (x)'(-\cos x)dx$$

$$= -x\cos x + \int \cos x\,dx$$

$$= -x\cos x + \sin x + C \qquad （C是積分常數）$$

　　這裡的重點在於 $f'(x)g(x)$ 是「$-\cos x$」這種容易積分的形式。如果將 $f(x)$ 與 $g'(x)$ 反過來，$f(x) = \sin x$、$g(x) = \dfrac{1}{2}x^2$，$f'(x)g(x)$ 就會是 $\dfrac{1}{2}x^2\cos x$，變得比最初的式子複雜，無法輕易積分。

　　接下來是合成函數的微分，在考慮 $y = f(u)$，$u = g(x)$ 的合成函數 $f(g(x))$ 時，將這個函數微分的結果如下。

$$\{f(g(x))\}' = f'(g(x))g'(x)$$

光是這樣或許還搞不太清楚我們想做什麼。舉例來說，這個合成函數的微分公式，可在微分 $\sin(e^x)$ 這樣的函數時使用。這時 $f(x) = \sin x$、$g(x) = e^x$。將這個函數微分的結果如下。

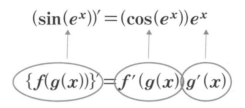

$$(\sin(e^x))' = (\cos(e^x))e^x$$

$$\{f(g(x))\}' = f'(g(x))\,g'(x)$$

將這個合成函數的微分反向操作，可得到變數代換積分法。換句話說，將合成函數的微分結果 $f'(g(x))g'(x)$ 形式的函數積分，會得到 $f(g(x))$。

變數代換積分法如下所示。設 $t = g(x)$ 變數從 x 代換成 t。雖然看起來很複雜，但只要確實認知到，這只是使用合成函數的微分進行反向操作，就能夠解讀。

$$\int f'(g(x)) \cdot g'(x)\,dx = \int f'(t)\,dt$$

$$\left(\frac{dt}{dx} = g'(x) \quad \rightarrow \quad dt = g'(x)dx \right)$$

接著舉例說明。假設我們想要求出函數 $y = 2x(x^2+1)^3$ 的不定積分。

首先最重要的是找出合成函數的微分形式 $f'(g(x))g'(x)$。

在此若設 $g(x) = x^2 + 1$ 那麼 $g'(x) = 2x$。

這代表著 $2x(x^2+1)^3 = (g(x))^3 g'(x)$。如果設定 $f'(t) = t^3$，也就代表著 $y = 2x(x^2+1)^3 = f'(g(x))g'(x)$。

只要注意到這點，就能如次頁圖般使用變數代換積分法求出不定積分。

$$\int 2x(x^2+1)^3 \, dx = \int f'(g(x)) \cdot g'(x) \, dx$$

（設 $g(x)=x^2+1$　$f'(t)=t^3$）

$$= \int f'(t) dt$$

（根據變數代換積分公式

$$\int f'(g(x)) \cdot g'(x) dx = \int f'(t) dt）$$

$$= \int t^3 \, dt$$

$$= \frac{t^4}{4} + C$$　　（C是積分常數）

$$= \frac{(x^2+1)^4}{4} + C$$　　（透過 $t=g(x)=x^2+1$ 將變數換回 x）

　　我想這個方法中最困難的部分，就是如何找出 $g(x)$ 與 $f'(t)$。不過說老實話，除了熟能生巧之外別無他法。所以變數代換積分也是一種著重於經驗與靈感的方法。

　　積分就像這樣，帶有解謎般的元素，因此想必也有人把積分公式當成一種興趣來享受。

　　但實際上，能夠像這樣運用技巧求出原始函數的公式只有一小部分，絕大多數的原始函數無法以公式的形式求得。因此就應用數學的角度來看，如何快速且準確地求出積分的近似值就成為了課題。

7-5

也能利用積分求出體積和曲線長度

本書一再地說明「積分是求出面積的計算」。但實際上，積分所能計算的不只是面積，還能求出體積與曲線長度。接下來將說明使用積分計算這些量的方法。

雖然目標的對象不同，但步驟卻是一樣的，都是將所求的對象分割成能夠計算的元素（長方形、圓柱、直線等），並且求出當分割數變成無限大時的極限。

在求出體積與曲線的計算時，只要習慣這樣的模式，想必就能加深對積分的理解。

首先是體積的計算方法。

如果是如下圖般的圓柱體體積，我想應該就能夠輕易求出。因為只要進行「底面積×高」的計算即可。透過這樣的計算能夠精確地求出體積。

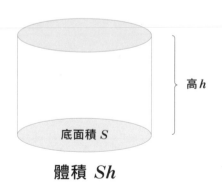

高 h

底面積 S

體積 Sh

但如果是像次頁般的圖形呢？這個圖形的體積似乎就無法輕易地計算出來。「超級乘法」積分，就在這時登場。

體積？

　　首先將這個立體圖形分解成能夠計算體積的圓柱體。這麼一來，每個圓柱體的體積，都能透過「底面積×高」求出。只要將這些圓柱體的體積加總起來，就能得到想要計算的立體圖形體積的近似值。

　　當然，兩者的體積嚴格來說不會完全相等。<u>但只要圓柱的高度小到極限，計算出來的結果就會是這個立體圖形的體積。</u>

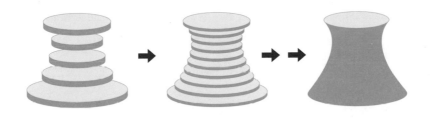

　　<u>這個道理就跟將曲線圍出的面積分割成細長的長方形一樣，各位想必應該都能夠理解吧？</u>

　　一般來說，設某個立體圖形的截面積為 $S(x)$，這個立體圖形的體積即可透過接下來的公式求出。這時的截面積，定義為將立體圖形相對於 x 軸垂直剖開時的截面積。

$$V = \int_a^b S(x)\,dx$$

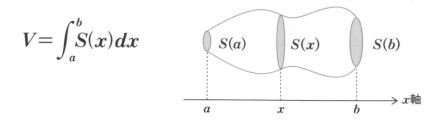

舉例來說，請試著求出如下圖般圓錐體的體積。

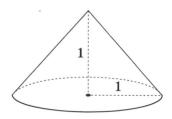

這個圓錐體可視為 $y = x (0 \leq x \leq 1)$ 的直線在 $x-y$ 平面上繞 x 軸一圈所形成的立體圖形。所以相對於座標軸 x 的截面積 $S(x)$ 就是 $S(x) = \pi x^2$。對這個公式積分，就能像下圖般求出體積。

$$V = \int_0^1 \pi x^2\,dx$$

$$= \left[\frac{\pi}{3} x^3 \right]_0^1$$

$$= \left(\frac{\pi}{3} - 0 \right) = \frac{\pi}{3}$$

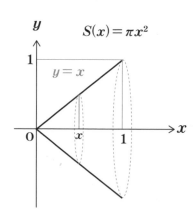

接下來說明求出曲線長度的方法。

舉個例子來說，如果有下圖般的直線，可以使用畢氏定理計算出正確的長度。

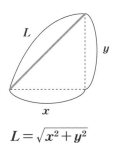

$$L = \sqrt{x^2 + y^2}$$

但如果是像這樣的曲線，想要求出長度就不容易。

長度？

因此我們將這條曲線分割成直線。例如分割成3等分、6等分……當等分數愈來愈多，就會愈來愈接近曲線的長度。而當等分數趨近於無限大時，就能得到曲線真正的長度了。

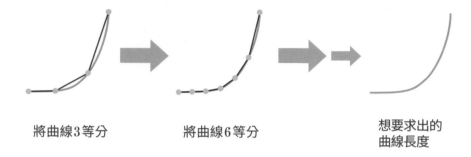

將曲線3等分　　　　　　將曲線6等分　　　　　　想要求出的
　　　　　　　　　　　　　　　　　　　　　　　曲線長度

到此為止的概念，和面積或體積完全相同。但曲線的長度接下來還有稍微複雜的討論。

這時求出直線長度的積分公式為 $\sqrt{(dx)^2+(dy)^2}$，但這個公式無法直接積分。所以必須像下面所示這樣對公式進行變形，轉換成 $f(x)dx$ 的形式才能積分。

$$L = \int_a^b \sqrt{(dx)^2+(dy)^2} = \int_a^b \sqrt{1+\left(\frac{dy}{dx}\right)^2}\, dx$$

此外，使用輔助變數 t 將想求的曲線座標以 $(x(t),\ y(t))$ 的方式表示，也能進行如下的計算。

$$L = \int_a^b \sqrt{(dx)^2+(dy)^2} = \int_\alpha^\beta \sqrt{\left(\frac{dx}{dt}\right)^2+\left(\frac{dy}{dt}\right)^2}\, dt$$

假設不使用輔助變數，那麼 $y=f(x)$ 的圖形在 $a \leq x \leq b$ 區間的曲線長度 L，可透過如次頁的方式求出。

$$L = \int_a^b \sqrt{1 + \{f'(x)\}^2}\, dx$$

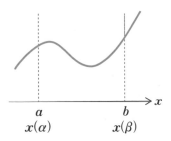

以下列出下列函數所代表的曲線之長度解答法作為範例。

函數 $y = f(x) = \dfrac{x^3}{3} + \dfrac{1}{4x}$ 在 $1 \leqq x \leqq 2$ 區間的長度

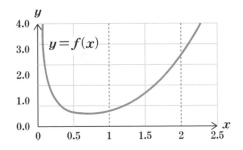

這時 $f'(x) = x^2 - \dfrac{1}{4x^2}$ 因此如次頁所示。

$$L = \int_1^2 \sqrt{1 + \left(x^2 - \frac{1}{4x^2}\right)^2} \, dx$$

$$= \int_1^2 \sqrt{\left(x^2 + \frac{1}{4x^2}\right)^2} \, dx$$

$$= \int_1^2 \left(x^2 + \frac{1}{4x^2}\right)^2 \, dx$$

$$= \left[\frac{x^3}{3} - \frac{1}{4x}\right]_1^2 = \frac{59}{24}$$

　　這個例題能夠精確地進行積分計算，但一般的函數卻幾乎無法精確地進行這樣的計算。

索　引

作者介紹

蔵本貴文（Kuramoto Takafumi）

關西學院大學理學部物理學科畢業後，為尋求尖端物理學的實踐與學習場域，進入大型半導體企業工作。現在主要從事的工作是運用微積分、三角函數、複數等工具，以數學公式表現半導體元件的特性並進行建模。此外，還以第一線工程師兼作者的身份，撰寫以科學、技術為主的書籍（獨立撰稿），並參與商業書籍和實用書籍的撰寫（提供撰稿協助）。

【著作】日文著作有《數學大百科事典：工作中使用的公式、定理、規則127》（翔泳社）、《分析學圖鑑：從微分、積分到微分方程和數值分析》（オーム社）；繁體中文著作則有《圖解半導體：從設計、製程、應用一窺產業現況與展望》（合著，台灣東販）。

IMITO KOZOGA WAKARU HAJIMETENO BIBUNSEKIBUN
© TAKAFUMI KURAMOTO 2023
Originally published in Japan in 2023 by BERET PUBLISHING CO.,
LTD.,TOKYO.
Traditional Chinese translation rights arranged with BERET PUBLISHING
CO., LTD.,TOKYO, through TOHAN CORPORATION, TOKYO.

日文版STAFF
- ◉ 內文設計　　　　松本聖典
- ◉ DTP・內文圖版　あおく企画
- ◉ 內文插圖　　　　三枝未央
- ◉ 校對　　　　　　小山拓輝

超好懂！微積分概念筆記
實務應用×具體解說×公式剖析，懂乘除法就能掌握微積分

2023年12月1日初版第一刷發行

作　　者　蔵本貴文
譯　　者　林詠純
編　　輯　吳欣怡
封面設計　水青子
發 行 人　若森稔雄
發 行 所　台灣東販股份有限公司
　　　　　＜地址＞台北市南京東路4段130號2F-1
　　　　　＜電話＞(02)2577-8878
　　　　　＜傳真＞(02)2577-8896
　　　　　＜網址＞http://www.tohan.com.tw
郵撥帳號　1405049-4
法律顧問　蕭雄淋律師
總 經 銷　聯合發行股份有限公司
　　　　　＜電話＞(02)2917-8022

國家圖書館出版品預行編目資料

超好懂！微積分概念筆記：實務應用×具體
解說×公式剖析，懂乘除法就能掌握微積
分／蔵本貴文著；林詠純譯.-- 初版.-- 臺北
市：臺灣東販，2023.12
208面；14.8×21公分
ISBN 978-626-379-131-2（平裝）

1.CST：微積分

314.1　　　　　　　　　　　　112018245

TOHAN